ライブラリはじめて学ぶ物理学＝3

はじめて学ぶ 電磁気学

阿部 龍蔵 著

サイエンス社

サイエンス社のホームページのご案内
http://www.saiensu.co.jp
ご意見・ご要望は　rikei@saiensu.co.jp　まで.

まえがき

　私たちの身のまわりには電化製品があふれている．電灯，ラジオ，テレビ，エアコンなど数え上げれば切りがないほどである．物心ついた頃から電灯，ラジオはあったが，電気ストーブや電気扇風機は贅沢品とみなされ，これらが備わっている家庭はごく少数であった．その頃，都市の交通は電気に頼っていた．東京市には市電が走っていて，これは便利な交通手段であった．昭和18年，中学校に入学したが，数カ月後，東京市が東京都に変わった．これに伴い市電は都電に変身した．また，中学校の通学には地下鉄を利用した．その歌い文句は「夏は涼しく冬は暖かい」ということだった．この状態を実現するため，現在ではクーラーを設備している．昔は東京の地下水のレベルが高かったので自然と「夏は涼しく冬は暖かい」状態が実現したかと思うと，いささか今昔の感にふけざるを得ない．鉄道の電化は東海道本線でいえば，東京－沼津間でこれ以外は従来型の蒸気機関に頼っていた．東海道本線が全線電化されたのは1956年(昭和31年)で，同年これを祝し記念切手が発行されたのを覚えている．

　1940年(昭和15年)，著者は小学校4年であったが，皇紀2600年にあたるということで盛大な祝賀が行われた．「紀元は2600年」という歌が作られたりもした．この年，東京でオリンピックが開催される予定であった．計画によると240本の走査線を使うテレビが放映されるはずであったが，戦争のためオリンピックもテレビも駄目になった．実際にテレビ放送が始まったのは1953年(昭和28年)，著者が大学を卒業した年である．昭和30年代になると電気洗濯機，電気冷蔵庫，テレビはいわゆる三種の神器として国民生活の向上に役立った．テレビは放送当初，走査線525本の白黒テレビであったが，1960年頃からカラー放送が始まり走査線も倍増し1125本となり，ハイビジョン放送が始まった．私どもの家庭では何台目かのテレビ受像機として1996年(平成8年)走査線525本のブラウン管方式のテレビセットを購入した．この頃になると全番組はカラー放送であった．このブラウン管が駄目になり，最近液晶テレビに買い替えたところ画像は鮮明，色はくっきりとして10年間の技術の発展を実感した．なによりゴーストがなくなったのは著しい進歩であった．2011年にはすべてのテレビ放送は地上デジタルになる予定であるときいている．

以上，最近の家庭器具の発展について述べた．ここでとり上げたのは限られたトピックスで他にもいくつかの話題があろう．共通しているのは電気を使う点で，電気は私たちの日常生活と密接な関係にある．電気や磁気はギリシア時代から知られ，電磁気学は物理学の重要な柱である．本ライブラリ「はじめて学ぶ物理学」「はじめて学ぶ力学」に次いで本書「はじめて学ぶ電磁気学」も前著に勝るとも劣らぬ重要性をもっている．微分積分学はそもそも力学で導入され，電磁気学でも有効に使われている．しかし，我が国の教育制度では高校物理では微分積分を使わず，「はじめて学ぶ物理学」のまえがきに述べたように，本ライブラリではこの伝統を守っている．ただ，電磁気学の分野では微分積分を使わないと少々舌足らずの箇所があるので，参考，補足，コラムなどの欄を利用し，そのような点は補充しておいた．

いまからほぼ100年前，1904-1905年(明治37-38年)日露戦争が行われた．従来，海軍の情報伝達の手段として手旗信号が利用されていた．イタリアの電気学者マルコーニ(1874-1940)は1901年，太平洋を隔てて無線電信を送ることに成功した．この方法が我が国の海軍にとり入れられ日露戦争の際，1905年の日本海海戦では信濃丸の発した「敵艦見ユ」という電文が日本海軍に大勝利をもたらした．無線電信の基礎となるマクスウェルの理論は1864年に提唱されているが，この150年程の間の技術の進歩には目を見張る．特に携帯電話の発展には驚異的なものがあり，遠く離れた人と携帯で連絡がとれるとは夢にも思わなかった．反面，携帯電話に費用をかけ，新聞，雑誌，専門誌，漫画などの印刷物が売れなくなったという話もある．何も携帯電話を使わずともいいと思うこともしばしばある．もったいないという精神は大切だと思うがいかがであろうか．「過ぎたるはなお及ばざるが如し」という文章があるが，最近の携帯電話の流行を見ていると，そう思わざるを得ない．

最後に，本書の執筆にあたり，いろいろとご面倒をおかけしたサイエンス社の田島伸彦氏，鈴木綾子氏にあつく感謝の意を表する次第である．

2007年夏　　　　　　　　　　　　　　　　　　　　　　　　　阿部龍蔵

目　　次

第 1 章　電荷と電場　　1
　1.1　クーロンの法則　　2
　1.2　電　場　　4
　1.3　ガウスの法則　　6
　1.4　ガウスの法則の応用　　8
　　　　演 習 問 題　　10

第 2 章　電位と導体　　11
　2.1　電　位　　12
　2.2　電位と仕事　　14
　2.3　導　体　　16
　2.4　コンデンサー　　20
　　　　演 習 問 題　　22

第 3 章　誘 電 体　　23
　3.1　誘電分極と電気双極子　　24
　3.2　電 気 分 極　　26
　3.3　誘電率と電束密度　　30
　3.4　電気エネルギー　　32
　　　　演 習 問 題　　34

第 4 章　電　流　　35
　4.1　電流のキャリヤー　　36
　4.2　オームの法則　　38
　4.3　電 流 密 度　　40
　4.4　電力とジュール熱　　42
　4.5　直 流 回 路　　46
　　　　演 習 問 題　　48

第5章 静磁場　49

- **5.1** 磁石と磁場 ……………………………………… 50
- **5.2** 磁気双極子と磁化 ……………………………… 52
- **5.3** 磁性体と磁束密度 ……………………………… 54
- **5.4** 電流と磁場 ……………………………………… 58
- **5.5** アンペールの法則 ……………………………… 62
  - 演習問題 ………………………………………… 64

第6章 時間変化する電磁場　65

- **6.1** 電磁誘導とファラデーの法則 ………………… 66
- **6.2** 相互誘導と自己誘導 …………………………… 70
- **6.3** 交流回路 ………………………………………… 74
- **6.4** 磁気エネルギー ………………………………… 78
- **6.5** マクスウェル-アンペールの法則 ……………… 80
  - 演習問題 ………………………………………… 84

第7章 光　85

- **7.1** 光線 ……………………………………………… 86
- **7.2** 光の干渉と回折 ………………………………… 88
- **7.3** 薄膜による干渉 ………………………………… 92
- **7.4** 光の分散 ………………………………………… 94
- **7.5** レンズ …………………………………………… 96
- **7.6** レンズの公式 …………………………………… 98
- **7.7** 光学器械 ………………………………………… 102
  - 演習問題 ………………………………………… 104

目　次　　　　　　　　　　v

第8章　光と電磁波　　　　　　　　　　　105

- 8.1　電磁波の分類 106
- 8.2　電波の伝わり 108
- 8.3　偏波と偏光 110
- 8.4　レーザーの原理 112
- 8.5　電磁波のエネルギー 114
- 8.6　太陽光の応用 116
- 　　　演　習　問　題 118

第9章　波と粒子　　　　　　　　　　　　119

- 9.1　原子の出す光 120
- 9.2　光　電　効　果 122
- 9.3　量　子　仮　説 124
- 9.4　プランクの放射法則 126
- 　　　演　習　問　題 128

演習問題略解　　　　　　　　　　　　　　　129
索　　　引　　　　　　　　　　　　　　　　149

コラム

真空の誘電率　　3
ガウス　　9
導体と絶縁体　　19
ガウスの定理の応用　　29
少年技師の電気学　　41
電場，磁場に対するガウスの法則　　57
モーターの応用　　61

自己インダクタンスと電気火花　　73
マクスウェルの理論　　83
シャボン玉とんだ　　91
目とカメラ　　97
電磁波の応用　　109
光電効果の応用　　123
光は波か？粒子か？　　127

電荷と電場

　電気と磁気に関する学問を電磁気学という．本章から第3章までは静電気を中心として話を進める．荷電粒子の間には力が働きクーロンの法則が成り立つ．この法則は力学と電磁気学とを結ぶ役割を演じる．電気の働く空間中に荷電粒子をおくと，この粒子には力が働き電場が導入される．電場は電気の性質を記述する重要な物理量である．電場に対してガウスの法則が成り立つ．通常，電場の計算には積分の知識が必要であるが，ガウスの法則を適用すると，積分を使わず体系の対称性を利用して電場の計算が可能である．そのような例をいくつか紹介しよう．

本章の内容

1.1　クーロンの法則
1.2　電　場
1.3　ガウスの法則
1.4　ガウスの法則の応用

1.1 クーロンの法則

点電荷　電流のキャリヤーは電荷であるが，1~3 章では電荷は静止しているとし**静電気**の場合を扱う．その際，大きさの無視できるような電荷を想定しこれを**点電荷**という．電荷には正負の 2 種があるが，同種の電荷 (正と正，負と負) は反発し合い，異種の電荷 (正と負) は引き合う．フランスの物理学者クーロン (1736-1806) は，点電荷の間に働く力の向きは点電荷を結ぶ直線上にあり，その大きさは点電荷間の距離 r の 2 乗に反比例し，それぞれの電荷 q, q' の積に比例することを見いだした．すなわち

$$F \propto \frac{qq'}{r^2} \tag{1.1}$$

の関係が成り立つ．ただし，$F > 0$ は斥力，$F < 0$ は引力を表すとする．(1.1) の関係を**クーロンの法則**，またこのような電気的な力を**クーロン力**という．

真空の誘電率　(1.1) に現れる比例定数は用いる単位系によって異なる．国際単位系では，力にニュートン (N)，距離にメートル (m)，電荷にクーロン (C) を使うが，そのとき

$$F = \frac{1}{4\pi\varepsilon_0} \frac{qq'}{r^2} \tag{1.2}$$

と書き，ε_0 を**真空の誘電率**という．ε_0 の値は

$$\varepsilon_0 = \frac{10^7}{4\pi c^2} \frac{\mathrm{C}^2}{\mathrm{N \cdot m^2}} = 8.854 \times 10^{-12} \frac{\mathrm{C}^2}{\mathrm{N \cdot m^2}} \tag{1.3}$$

で与えられる．ただし，c は真空中の**光速**で

$$c = 299792458 \, \mathrm{m \cdot s^{-1}} \tag{1.4}$$

と決められている．(1.4) の数値は光速の定義であり，むしろこれから逆にメートルとか秒 (s) が決められる．(1.2) は厳密にいうと真空中にある点電荷に対して成り立つが，空気中でもほとんど同じであると考えてよい．c の値は (1.4) からわかるように $c = 3.00 \times 10^8 \, \mathrm{m \cdot s^{-1}}$ であるから，通常の計算には以下の値で十分である．

$$\frac{1}{4\pi\varepsilon_0} = \frac{c^2}{10^7} \frac{\mathrm{N \cdot m^2}}{\mathrm{C}^2} = 9.00 \times 10^9 \frac{\mathrm{N \cdot m^2}}{\mathrm{C}^2} \tag{1.5}$$

電荷は一般に線上に，面上にあるいは 3 次元空間中に分布している．このような場合のクーロン力を求めるには，これらの電荷を微小部分に細かく分割し各部分にクーロンの法則を適用して，得られる力をベクトル的に合成すればよい．

1.1 クーロンの法則

例題 1 図 1.1 に示すように，x 軸上 $(-a, 0)$, $(a, 0)$ の点 A_1, A_2 にそれぞれ $-q, q$ の点電荷がおかれている．y 軸上 $(0, b)$ の点 B にある Q の点電荷に働くクーロン力を求めよ．ただし，$q, Q > 0$ とする．

解 A_1, A_2 にある点電荷によるクーロン力をそれぞれ $\boldsymbol{F}_1, \boldsymbol{F}_2$ とする．$\boldsymbol{F}_1, \boldsymbol{F}_2$ の大きさ F は同じで，クーロンの法則 (1.2) により

$$F = |\boldsymbol{F}_1| = |\boldsymbol{F}_2| = \frac{qQ}{4\pi\varepsilon_0(a^2+b^2)}$$

となる．図のような角 θ をとると，$\boldsymbol{F}_1, \boldsymbol{F}_2$ は成分で表し

$$\boldsymbol{F}_1 = (-F\cos\theta, -F\sin\theta), \quad \boldsymbol{F}_2 = (-F\cos\theta, F\sin\theta)$$

と書ける．$\boldsymbol{F}_1$ と $\boldsymbol{F}_2$ の合力を $\boldsymbol{F}$ とすれば，$\boldsymbol{F} = \boldsymbol{F}_1 + \boldsymbol{F}_2$ であるから

$$\boldsymbol{F} = (-2F\cos\theta, 0) = \left(\underbrace{-\frac{qQ}{2\pi\varepsilon_0(a^2+b^2)} \cos\theta}_{\text{合力の } x \text{ 成分}}, \underbrace{0}_{\text{合力の } y \text{ 成分}} \right)$$

が得られる．ここで

$$\cos\theta = \frac{a}{(a^2+b^2)^{1/2}}$$

の関係に注意すると，合力の x, y 成分は次のように表される．

$$F_x = -\frac{qQa}{2\pi\varepsilon_0(a^2+b^2)^{3/2}}$$
$$F_y = 0$$

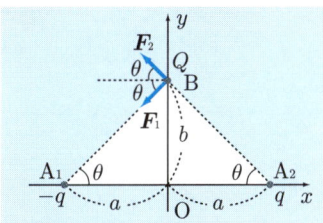

図 1.1 x, y 軸上の点電荷

═══════ **真空の誘電率** ═══════

真空の誘電率 (1.3) の覚え方は「十二分にヤヤコシイ」とすることで，その意味は説明不要であろう．これは江沢洋氏によるものだが (江沢洋著「物理は自由だ」静電磁場の物理，日本評論社，2004)，なぜこんなややこしい事情になったのか．それを理解するには電磁気学で単位を考える必要がある．(1.1) によりクーロン力は一般に $F = kqq'/r^2$ と表される．この式で比例定数 k は単位系の選び方に依存する．著者の時代には長さをセンチメートル (cm)，質量をグラム (g)，時間を秒 (s) で測る単位が使われ頭文字をとってこれを **CGS 単位系**といった．この単位系での力の単位をダインという．CGS 単位系で $k = 1$ になるよう電荷を決める方式を **CGS 静電単位系**と呼び，物理としてはもっとも合理的な選び方であろう．現に物理屋の中で，この単位系を使っている人がいる．家庭の電気は 100 V というようにボルトは実用的に重要な単位である．(1.3) はこのような実用的な意味から誕生した値で，このような単位系が国際単位系である．この単位系を別名 **MKSA 単位系**という．CGS 静電単位系では $\varepsilon_0 = 1$ であるが国際単位系ではこれは次元をもっている．

1.2 電場

電場 空間中の 1 点 P に微小な電荷 Δq をおく.Δq が十分小さければ,この電荷は周辺の状況に影響を与えない.このような電荷を**試電荷**という.試電荷に働く力 $\boldsymbol{F}$ はクーロンの法則により Δq に比例するが,これを

$$\boldsymbol{F} = \Delta q \boldsymbol{E} \tag{1.6}$$

と表し,ベクトル $\boldsymbol{E}$ を**電場の強さ**,**電場ベクトル**または**電場**という.上式から単位正電荷に働く力が電場であることがわかる.電場 $\boldsymbol{E}$ は点 P を表す位置ベクトル $\boldsymbol{r}$ に依存し,$\boldsymbol{E} = \boldsymbol{E}(\boldsymbol{r})$ と書ける.このように空間の各点である種のベクトルが決まっているとき,その空間を**ベクトル場**という.$\boldsymbol{E}(\boldsymbol{r})$ が与えられているようなベクトル場のことも**電場**または**電界**という.

点電荷の作る電場 図 **1.2** のように,位置ベクトル $\boldsymbol{r}'$ の点 Q に電荷 q の点電荷が存在するとき,この点電荷が作る電場を考える.電場を観測する点を P (位置ベクトル $\boldsymbol{r}$) とすれば,PQ 間の距離は $|\boldsymbol{r} - \boldsymbol{r}'|$ で,P における電場の大きさ E は

$$E = \frac{|q|}{4\pi\varepsilon_0 |\boldsymbol{r} - \boldsymbol{r}'|^2} \tag{1.7}$$

と書ける.ここで,$(\boldsymbol{r} - \boldsymbol{r}')/|\boldsymbol{r} - \boldsymbol{r}'|$ が Q から P へ向かう大きさ 1 のベクトル,すなわち**単位ベクトル**であることに注意すると,q の符号まで考慮し,点 P における電場 $\boldsymbol{E}$ は次のように表される.

$$\boldsymbol{E} = \frac{q}{4\pi\varepsilon_0} \frac{\boldsymbol{r} - \boldsymbol{r}'}{|\boldsymbol{r} - \boldsymbol{r}'|^3} \tag{1.8}$$

電場の大きさの単位 電場の大きさの単位は (1.6) からわかるように $\mathrm{N \cdot C^{-1}}$ である.ふつうは電位との関係から,電場の大きさの単位を $\mathrm{V \cdot m^{-1}}$ と表すことが多い.$1\,\mathrm{N \cdot C^{-1}} = 1\,\mathrm{V \cdot m^{-1}}$ の関係が成り立つ.

多数の点電荷が作る電場 以上の結果は多数の点電荷が存在するときに一般化される.すなわち,各電荷が作る電場を求め,それをベクトル的に加え合わせればよい.図 **1.3** のように,位置ベクトル $\boldsymbol{r}_1, \boldsymbol{r}_2, \cdots, \boldsymbol{r}_N$ にそれぞれ $q_1, q_2, \cdots, q_N$ の点電荷があるとき,これら N 個の点電荷が $\boldsymbol{r}$ という場所に作る電場 $\boldsymbol{E}$ は

$$\boldsymbol{E} = \sum_{k=1}^{N} \frac{q_k}{4\pi\varepsilon_0} \frac{\boldsymbol{r} - \boldsymbol{r}_k}{|\boldsymbol{r} - \boldsymbol{r}_k|^3} \tag{1.9}$$

と表される.

1.2 電場

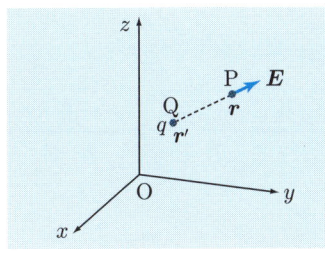

図 1.2　点電荷の作る電場

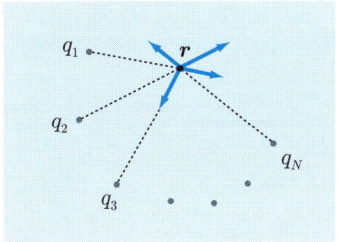

図 1.3　多数の点電荷

[参考] **電気力線**　電場を記述するのによく電気力線が使われる．各点における接線がその点における E の方向と一致するような曲線が**電気力線**で，これは流体中の速度を表す流線と似ている．電場 E は単位正電荷が受ける力であるから，電気力線は正の電荷から出発し，負の電荷で終わる．いわば，正電荷は電気力線が湧きだす所，負電荷はそれが吸い込まれる所である (図 1.4)．

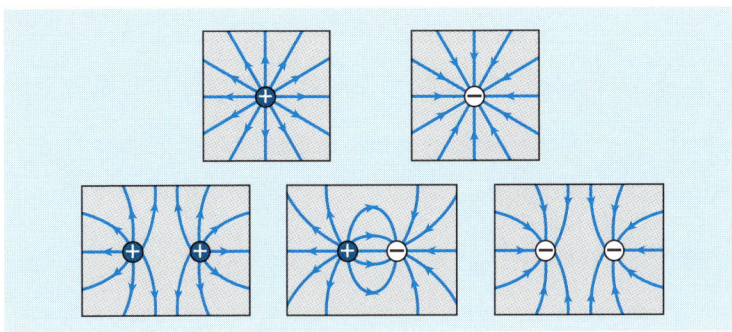

図 1.4　電気力線の例

[補足] **流線と電気力線**　空気や水のような気体と液体を総称して**流体**という．流体の運動を調べる物理学の分野が**流体力学**である．飛行機やロケットは空気中を運動し，汽船や潜水艦は水上や水中を運動する．このような点で流体力学は実用上重要な学問であるといえよう．流体の運動を記述するのに**流線**が使われ，流体とともに動く点の軌跡が流線である．流線の微小部分を表すベクトルの x, y, z 成分を $\Delta x, \Delta y, \Delta z$ とし，流体の速度の同様な成分を v_x, v_y, v_z とすると流線は

$$\frac{\Delta x}{v_x} = \frac{\Delta y}{v_y} = \frac{\Delta z}{v_z}$$

という方程式から決まる．同じように，E の x, y, z 成分 E_x, E_y, E_z により電気力線は

$$\frac{\Delta x}{E_x} = \frac{\Delta y}{E_y} = \frac{\Delta z}{E_z}$$

の方程式で記述される．

1.3 ガウスの法則

ガウスの法則 電荷と電場との間には密接な関係が存在し、それを数学的に表現するのがガウスの法則である。図 1.5 に示すように空間中に適当な領域 V をとりその表面を S とし、V 中に含まれる電荷量を Q とする。また、S の内側から外側へ向かうような表面への法線方向の単位ベクトルを $\boldsymbol{n}$ とし、$\boldsymbol{E}$ の $\boldsymbol{n}$ 方向の成分を E_n とする (図 1.6)。$\boldsymbol{E}$ と $\boldsymbol{n}$ のなす角を θ とすれば、E_n は

$$E_n = E \cos \theta \tag{1.10}$$

と書ける。S を細かく分割し 1 つの分割した部分の面積を ΔS とし、分割は十分細かく ΔS の中で $\boldsymbol{n}$ は一定であるとする。$\varepsilon_0 E_n$ に ΔS を掛け、S に関するすべての分割に関して加えて $\Delta S \to 0$ の極限をとったものは Q に等しい。すなわち

$$\varepsilon_0 \lim_{\Delta S \to 0} \sum_S E_n \Delta S = Q \tag{1.11}$$

が成り立つ。これを**ガウスの法則**という。この法則の証明は例題 3 で行う。

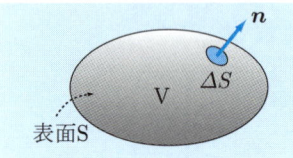

図 1.5 領域 V と表面 S

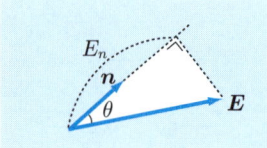

図 1.6 $\boldsymbol{E}$ の $\boldsymbol{n}$ 方向の成分

スカラー積 2 つのベクトル $\boldsymbol{A}, \boldsymbol{B}$ があり両者のなす角を θ とし、$\boldsymbol{A}, \boldsymbol{B}$ の大きさをそれぞれ A, B とするとき

$$\boldsymbol{A} \cdot \boldsymbol{B} = AB \cos \theta \tag{1.12}$$

と記し、これを $\boldsymbol{A}$ と $\boldsymbol{B}$ との**スカラー積**という。(1.10) は $E_n = \boldsymbol{E} \cdot \boldsymbol{n}$ と書ける。

証明の準備 ガウスの法則を証明するため 2 つの平面 P, P′ が図 1.7 のように角 θ で交わっているとする。平面 P 上で面積 ΔS をもつ部分の平面 P′ におろした正射影の面積を $\Delta S'$ とすると

$$\Delta S' = \Delta S \cos \theta \tag{1.13}$$

が成り立つ (例題 2)。

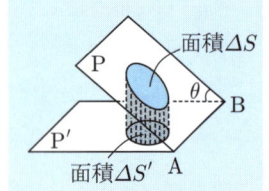

図 1.7 面積 ΔS の正射影

例題 2　(1.13) を導け．

解　平面 P 上で図 1.7 の AB に平行な多数の線をひき ΔS の部分を多数の四辺形に分割し，これらの四辺形の平面 P′ への正射影をとる．このような四辺形の正射影の面積は元の $\cos\theta$ 倍となる．無限に細かい分割を考えれば $\Delta S' = \Delta S\cos\theta$ が得られて，(1.13) が導かれる．

例題 3　領域 V 中に 1 個の点電荷 q が含まれているとして，ガウスの法則を導け．ただし，$q > 0$ と仮定する．

解　q から ΔS に向かうベクトルを $\bm{r}$ とすれば（図 1.8），$\bm{E}$ は (1.8) により
$$\bm{E} = \frac{q}{4\pi\varepsilon_0}\frac{\bm{r}}{r^3}$$
と書ける．上式と $\bm{n}$ とのスカラー積をとり $\bm{r}\cdot\bm{n} = r\cos\theta$ を使うと次式が得られる．
$$E_n = \bm{E}\cdot\bm{n} = \frac{q}{4\pi\varepsilon_0}\frac{\cos\theta}{r^2}$$
点電荷 q から ΔS を見る円錐状の立体を考え ΔS の所で，円錐面を垂直に切った部分の面積を $\Delta S'$ とする（図 1.9）．(1.13) により $\Delta S' = \Delta S\cos\theta$ が成り立つ．

一方，$\Delta S'$ を $\Delta S' = r^2\Delta\Omega$ と表したとき $\Delta\Omega$ を q が ΔS を見込む**立体角**という．これを使うと $\cos\theta/r^2 = \Delta\Omega/\Delta S$ と書け $E_n\Delta S = q\Delta\Omega/4\pi\varepsilon_0$ が導かれる．よって
$$\lim_{\Delta S\to 0}\sum_S E_n\Delta S = \frac{q}{4\pi\varepsilon_0}\lim_{\Delta S\to 0}\sum_S \Delta\Omega$$
となり，右辺の lim 以下の値は全空間を見込む立体角である．半径 r の球の表面積が $4\pi r^2$ であることに注意すればこの値は 4π に等しい．こうして，点電荷に対するガウスの法則が導かれる．$q < 0$ だと E_n の符号が逆転するだけで結果は変わらない．

[参考]　**電荷の連続分布**　電荷が連続するような場合の結果については演習問題 5 を参照せよ．

[補足]　**面積積分**　(1.11) の左辺を次のような面積積分の記号で表す．
$$\varepsilon_0\int_S E_n\, dS$$

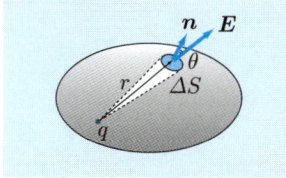

図 1.8　ガウスの法則

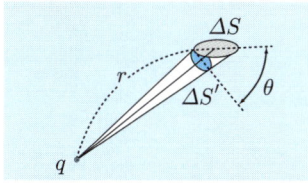

図 1.9　ΔS を見込む立体角

1.4 ガウスの法則の応用

ガウスの法則の応用　　ガウスの法則はクーロンの法則から導かれるが，注目する体系の対称性が利用できるため，電場を求める際クーロンの法則自身より便利な点が多い．以下，応用例として無限に広い平面上の一様な電荷分布を扱う．この結果は 2.4 節で述べるように，平行板コンデンサーの容量を論じる際有効に利用される．

無限に広い平面上での一様な電荷分布　　電荷が平面上に分布しているとし，単位面積当たりの電荷を**面密度**という．面密度 σ が一定な無限に広い平面状の電荷が作る電場を考える ($\sigma > 0$ と仮定)．図 **1.10(a)** のように，平面内に任意の点 O をとり，面内に x, y 軸をとる．ただし，面内にあるという以外，その選び方は自由であるとする．z 軸を中心軸とする円筒を考え，この表面 S にガウスの法則を適用する．ただし，円筒の上面，下面はそれぞれ平面と平行で，また両者は平面から同じ距離 a にあるとする [図 **1.10(b)**]．円筒の上面の 1 点から周囲を見回したとき，どの方向でも同じ状況であるから，電場はこの面と垂直でなければならない．いいかえると，電場は z 軸の方向に生じる．体系は上下対称であり，$\sigma > 0$ としているので，電場の向きは図 **1.10(a)** に示すように，円筒の上面では上向き，円筒の下面では下向きとなる．無限に広い平面上に一様な電荷が分布しているのであるから，円筒の上面で電場は一定の大きさをもつ．この大きさを E とする．円筒の側面では $E_n = 0$ であるから，ガウスの法則 (1.11) (p.6) を適用する際，上面，下面からの寄与を考慮すればよい．こうして

$$2\varepsilon_0 ES = \sigma S \tag{1.14}$$

となる (S は円筒の断面積)．(1.14) から次の結果が得られる．

$$E = \frac{\sigma}{2\varepsilon_0} \tag{1.15}$$

この E は場所によらないことに注意しておこう．結果をまとめると電場 $\boldsymbol{E}$ に対し $E_x = E_y = 0$ で E_z は

$$E_z = \begin{cases} \dfrac{\sigma}{2\varepsilon_0} & (z > 0) \\ -\dfrac{\sigma}{2\varepsilon_0} & (z < 0) \end{cases} \tag{1.16}$$

と表される．以上 $\sigma > 0$ と仮定したが，$E_x = E_y = 0$ および (1.16) の結果は $\sigma < 0$ の場合にも成立する．

1.4 ガウスの法則の応用

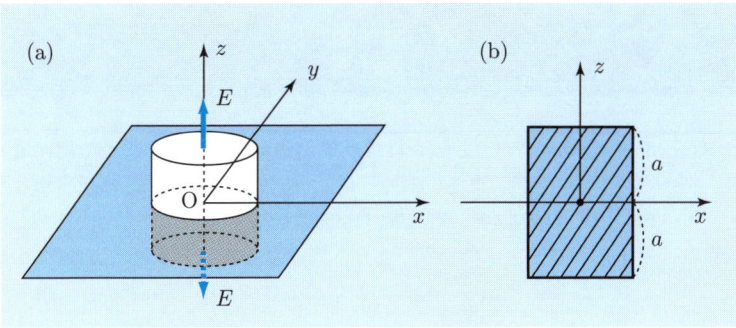

図 **1.10** 平面上の電荷

ガウス

ガウス (1777-1855) はドイツの数学者，物理学者で幼児の頃からその天才振りをいかんなく発揮した．3 歳のとき，父親が行った給料計算の誤りを直したと伝えられているし，8 歳か 10 歳のとき 1 から 40 もしくは 1 から 100 までの整数の和を即座に計算してしまうといった多くの逸話が残されている．5.3 節で述べるように，物理用語としてガウスは磁束密度の単位として使われ，これは現在でも重要な役割を演じている．表面積分を体積積分に変換するガウスの定理は流体力学や電磁気学における不可欠な数学的手段であるし，確率分布に関するガウス分布はこの方面で重要な意味をもつ．また，それと密接に関係するガウス模型は統計力学で厳密解が求まる数少ない例の 1 つである．アメリカの物理学者ウィルソン (1936-) は，相転移にともなう臨界現象の研究で 1982 年ノーベル物理学賞を受賞したが，ウィルソンが展開した「くりこみ群」の方法ではガウス模型が理論の出発点を構成している．

著者が旧制高等学校の学生だった頃，メンゲ (ドイツ語で集合という意味) というあだなの数学の先生 (本名は田中正夫) がいた．メンゲ先生は数学の講義中，時々脱線してガウスは偉いといった数学史的な話とかあるいは人生一般にわたる教訓をのたもうこともあり，先生の講義は大変楽しかった．先生の話に啓発され，高木貞次著「近世数学史談」を当時読んだ記憶がある．この本でガウスは日記に Der Tod ist mir lieblicher als solches Leben (こんな生活をしているくらいなら死んだ方がましだ) と書き残しているのを知りショックを受けたことがある．ちょうどガウスがゲッチンゲンの天文台長を務めていた頃の話で，父親の無理解，最初の妻の早世，2 度目の妻の病弱，息子との不和等々，人生の悩みがいろいろあったようだ．ガウスのような大先生でも人生に悲観することがあるのを知ったのは著者にとり 1 つの慰めであったかもしれない．これが契機になったと思うが，1948 年以降日記をつけている．

演習問題 第1章

1 $2\,\mu\mathrm{C}$ と $3\,\mu\mathrm{C}$ の点電荷が $0.3\,\mathrm{m}$ だけ離れておかれているとき,その間に働くクーロン力の大きさは何 N か.またこの力は何 kg の物体に働く重力に相当するか.ただし,$1\,\mu\mathrm{C} = 10^{-6}\,\mathrm{C}$ であり,また重力加速度 g を $9.81\,\mathrm{m\cdot s^{-2}}$ とする.

2 水素原子は 1 個の陽子と 1 個の電子とから構成される.その基底状態 (エネルギー最低の状態) では,陽子と電子との間の距離は $5.3 \times 10^{-11}\,\mathrm{m}$ である.陽子と電子との間に働くクーロン力の大きさ F を求めよ.ただし,陽子と電子の電荷はそれぞれ $e, -e$ とする ($e = 1.602 \times 10^{-19}\,\mathrm{C}$).

3 2 つの点電荷の間に働くクーロン力の大きさは,一方の電荷の大きさを a 倍,他方の電荷の大きさを b 倍,両者間の距離を c 倍にしたとき何倍となるか.次の①〜④のうちから,正しいものを 1 つ選べ.

  ① abc 倍   ② abc^2 倍   ③ $\dfrac{ab}{c}$ 倍   ④ $\dfrac{ab}{c^2}$ 倍

4 領域 V の外に点電荷 q が存在するときガウスの法則はどのように表されるか.

5 点電荷 $q_1, q_2, \cdots, q_n$ があるとき,それぞれの点電荷が作る電場を $\boldsymbol{E}_1, \boldsymbol{E}_2, \cdots, \boldsymbol{E}_n$ とすれば,全体の点電荷が作る電場は $\boldsymbol{E} = \boldsymbol{E}_1 + \boldsymbol{E}_2 + \cdots + \boldsymbol{E}_n$ と書ける.ここで全体の電場に対して $\varepsilon_0 \lim\limits_{\Delta S \to 0} \sum\limits_{S} E_n \Delta S = Q$ が成り立つことを示せ.ただし,Q は領域 V に含まれる全電荷を表し,電荷は S 上にはないとする.また,この結果を使い電荷が連続分布するときのガウスの法則を導け.

6 ガウスの法則を利用して,点電荷が作る電場を求めよ.

7 無限に長い直線に沿って一様な線密度 σ で正電荷が分布しているとする.この電荷が作る電場を求めるため,直線と垂直な平面を考え対称性を利用すると,電場はこの平面内にあることがわかる.また,電場を延長すると直線と交わり,電場は平面と直線との交点を中心として放射状に生じる.ガウスの法則を利用し,直線からの距離が r の点における電場の大きさを求めよ (図 1.11).

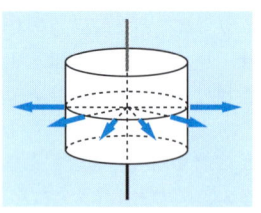

図 1.11 直線上の電荷

8 原点 O を中心とする半径 a の球が一様に帯電しているとし,その電荷密度を ρ とする (図 1.12).点 P の原点からの距離を r として,電場を r の関数として計算せよ.特に $r > a$ の結果の物理的な意味について考えよ.

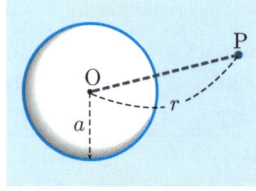

図 1.12 一様に帯電した球

電位と導体

　電気の流れ，すなわち電流はよく水流にたとえられるが，水流の場合の水の高さに相当するのが電位である．実際に問題になるのは電位の差，すなわち電位差でこれは電圧に等しい．電位は力学的な仕事と関連し，電位とは正の単位電荷をある基準の場所に移動させるのに必要な仕事量と定義されている．ある基準として理論的には無限のかなたとしているが，実際には地球を電位の基準として選び，接地とかアースという用語を使う．電気をよく通すものを導体という．電流が流れないような静電気を扱う場合，導体の内部では電場は **0** で導体は等電位であるとしてよい．また，電気をためるのにコンデンサーを用いるが平行板コンデンサーの容量を計算する．

本章の内容

2.1　電　位
2.2　電位と仕事
2.3　導　体
2.4　コンデンサー

2.1 電位

電位　一般に，物理量は位置ベクトル $\boldsymbol{r}$ と時間 t の関数である．静電場の問題では物理量は時間によらないので時間依存性を考慮する必要はない．位置ベクトル $\boldsymbol{r}$ の関数 $V(\boldsymbol{r})$ があり，$\boldsymbol{r}$ に近い $\boldsymbol{r} - \Delta\boldsymbol{r}$ の位置ベクトルを考え，$\Delta\boldsymbol{r}$ が $\boldsymbol{0}$ という極限で $\boldsymbol{r}$ での電場 $\boldsymbol{E}$ が

$$\boldsymbol{E}\cdot\Delta\boldsymbol{r} = V(\boldsymbol{r}-\Delta\boldsymbol{r}) - V(\boldsymbol{r}) \tag{2.1}$$

と書けるとする．このとき，V を**電位**または**静電ポテンシャル**という．

電位の単位　(2.1) から電位の次元は (電場)×(長さ) であることがわかる．1.2 節で述べたように国際単位系における電場の単位は $\mathrm{N\cdot C^{-1}} = \mathrm{V\cdot m^{-1}}$ であり，よって電位の国際単位系での単位はボルトとなる．

電位の不定性　ある $V(\boldsymbol{r})$ が (2.1) を満たすと，それに任意定数を加えたものも同式を満たす．このため，電位は一義的には決定されず，付加定数だけの不定性が残る．通常，適当な基準点を決めてこの不定性を除く．例えば，無限遠とか地球を基準点にとり，そこで電位を 0 とする．(2.1) のように，物理量として意味があるのは電位の差すなわち**電位差**であるから，基準点の決め方は本来どうでもよい．しかし，一度基準点を決めたら，最後までそれを守らねばならない．

等電位面　電位 $V(\boldsymbol{r})$ は $\boldsymbol{r}$ すなわち x, y, z の関数であるが，$V(\boldsymbol{r}) = $ 一定という条件を課すると空間中に 1 つの曲面が得られる．これを**等電位面**という．上の一定値をいろいろ変えると，空間中にたくさんの等電位面が描かれる．1 つの等電位面に注目し，この面上で微小変位 $\Delta\boldsymbol{r}$ を考える．定義により等電位面上では (2.1) の右辺は 0 でこのため $\boldsymbol{E}\cdot\Delta\boldsymbol{r} = 0$ となる．したがって，スカラー積の性質により $\boldsymbol{E}$ と $\Delta\boldsymbol{r}$ とは直交することがわかる (図 **2.1**)．

電位の例　① **一様な電場**　一様な電場が z 軸に沿い，その成分が

$$E_x = E_y = 0, \quad E_z = E \;(= \text{定数}) \tag{2.2}$$

のとき，等電位面は xy 面に平行な平面 (図 **2.2**) で，次式が成り立つ．

$$V(z) = -Ez + \text{定数} \tag{2.3}$$

② **点電荷**　点 $\boldsymbol{r}'$ に電荷 q の点電荷があるとそれによる点 $\boldsymbol{r}$ での電位 $V(\boldsymbol{r})$ は

$$V(\boldsymbol{r}) = \frac{q}{4\pi\varepsilon_0}\frac{1}{|\boldsymbol{r}-\boldsymbol{r}'|} \tag{2.4}$$

と書け，特に，原点に点電荷があるとき $V(\boldsymbol{r})$ は次式のようになる (例題 1)．

$$V(\boldsymbol{r}) = \frac{q}{4\pi\varepsilon_0}\frac{1}{|\boldsymbol{r}|} \tag{2.5}$$

2.1 電位

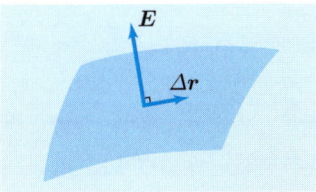

図 2.1 等電位面

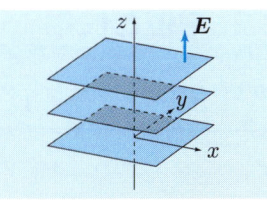

図 2.2 一様な電場

例題 1 原点に電荷 q の点電荷があるとして (2.5) を導け．

解 (2.5) により

$$V(\bm{r} - \Delta\bm{r}) = \frac{q}{4\pi\varepsilon_0} \frac{1}{|\bm{r} - \Delta\bm{r}|} \tag{1}$$

と書ける．$(\bm{r} - \Delta\bm{r})^2 = r^2 - 2\bm{r}\cdot\Delta\bm{r} + (\Delta\bm{r})^2$ とし，$\Delta\bm{r}$ は微小量として 1 次の項まで考慮すると

$$(\bm{r} - \Delta\bm{r})^2 \simeq r^2 - 2\bm{r}\cdot\Delta\bm{r} \tag{2}$$

となる．任意のベクトル $\bm{A}$ に対して $\bm{A}^2 = \bm{A}\cdot\bm{A} = A^2$ が成り立つので，(2) を使うと

$$\frac{1}{|\bm{r} - \Delta\bm{r}|} = \left[(\bm{r} - \Delta\bm{r})^2\right]^{-1/2} \simeq \frac{1}{r}\left(1 - 2\frac{\bm{r}\cdot\Delta\bm{r}}{r^2}\right)^{-1/2} \tag{3}$$

が導かれる．x が微小量のとき任意の数 α に対して $(1+x)^\alpha \simeq 1 + \alpha x$ と表されるので (1), (3) から

$$V(\bm{r} - \Delta\bm{r}) - V(\bm{r}) = \frac{q}{4\pi\varepsilon_0}\frac{\bm{r}\cdot\Delta\bm{r}}{r^3} \tag{4}$$

が得られる．(4) と (2.1) と比べると $\bm{E} = (q/4\pi\varepsilon_0)(\bm{r}/r^3)$ となり，(1.8)(p.4) で $\bm{r}' = \bm{0}$ とおいた結果と一致する．

参考 **偏微分とナブラ** $\Delta\bm{r} = (\Delta x, \Delta y, \Delta z)$ とすれば，(2.1) は

$$E_x\Delta x + E_y\Delta y + E_z\Delta z = V(x - \Delta x, y - \Delta y, z - \Delta z) - V(x, y, z)$$

と表される．したがって，例えば E_x は

$$E_x = \lim_{\Delta x \to 0} \frac{V(x - \Delta x, y, z) - V(x, y, z)}{\Delta x}$$

となり，同様な結果は E_y, E_z に対しても成り立つ．上のように y, z を一定に保ち x で微分することを**偏微分**といい，$\partial/\partial x$ の記号で表す．こうして

$$E_x = -\frac{\partial V}{\partial x}, \quad E_y = -\frac{\partial V}{\partial y}, \quad E_z = -\frac{\partial V}{\partial z}$$

と書ける．これらをまとめ $\bm{E} = -\nabla V$ と記す．∇ はナブラと呼ばれる演算子である．1 変数の場合には，∂ の代わりに d を使い，d/dx といった記号を導入する．d/dx を微分または**常微分**という．

2.2 電位と仕事

電気力のする仕事　電荷 q の点電荷に働く電気力は $q\bm{E}$ と表される．この電荷が AB 間の曲線 C に沿って移動するとき電気力のする仕事 W を考える．AB 間に $0, 1, 2, \cdots, n-1, n$ という点をとり，この間を n 個の微小部分に分割したと想定しよう (図 2.3)．ただし，分割は十分細かく点 $i-1$ から次の点 i に至る変位は直線とみなせるとし，その変位ベクトルを $\varDelta \bm{r}_i$ とおく．また，この間での電気力はほぼ一定であると仮定しこれを $q\bm{E}_i$ とする．電荷が $\varDelta \bm{r}_i$ だけ移動したときに電気力のする仕事 W_i は

$$W_i = q\bm{E}_i \cdot \varDelta \bm{r}_i \tag{2.6}$$

と書ける．全体の仕事 W は i についての和をとり

$$\begin{aligned} W &= W_1 + W_2 + \cdots + W_n \\ &= q(\bm{E}_1 \cdot \varDelta \bm{r}_1 + \bm{E}_2 \cdot \varDelta \bm{r}_2 + \cdots + \bm{E}_n \cdot \varDelta \bm{r}_n) \end{aligned} \tag{2.7}$$

と表される．ここで，分割を無限に細かくし $n \to \infty$ の極限をとると，上式は質点を曲線 C に沿って移動させたとき力のする仕事 W となる．

電位と仕事　電場が電位から導かれ，(2.1) (p.12) が成立する場合，W は

$$W = q[V(\mathrm{A}) - V(\mathrm{B})] \tag{2.8}$$

で与えられる (例題 2)．上式で $V(\mathrm{A}), V(\mathrm{B})$ はそれぞれ点 A, B における電位を表す．これからわかるように，仕事 W は経路 C に依存せず，A と B における**電位差**だけで決まる．この電位差はまた**電圧**を表す．

ボルトとジュールとの関係　(2.8) は電位の単位ボルトと力学的な仕事の単位ジュールを結び付ける関係でもある．W は q の電荷が移動するときの仕事であるから，1 C の電荷が移動したとき電気力が 1 J の仕事をしたとすれば，その場合の電位差が 1 V に等しいということになる．

電位と位置エネルギー　点電荷 q が電場 $\bm{E}$ 中にあると，その点電荷に働く電気力は $\bm{F} = q\bm{E}$ で与えられる．この力に逆らい，点電荷を点 A から点 B まで移動させるのに必要な仕事 $U(\mathrm{A}, \mathrm{B})$ は，(2.8) の符号を逆にし

$$U(\mathrm{A}, \mathrm{B}) = q[V(\mathrm{B}) - V(\mathrm{A})] \tag{2.9}$$

と表される．特に $V(\mathrm{A}) = 0$ となるよう基準を選んだとすれば次のようになる．

$$U(基準点, \mathrm{B}) = qV(\mathrm{B}) \tag{2.10}$$

2.2 電位と仕事

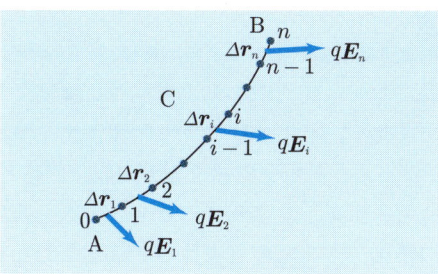

図 2.3 A から B への移動

[補足] 位置エネルギー 基準点から点 B まで点電荷を移動させるのに (2.10) だけの仕事が必要であるから，点 B にいる点電荷はそれだけの位置エネルギーをもつと考えられる．すなわち，(2.10) からわかるように位置エネルギーは電荷と電位の積に等しい．

例題 2 (2.8) を導け．

[解] (2.1) (p.12) により，$\bm{E}_i \cdot \Delta \bm{r}_i = V(i-1) - V(i)$ が成り立つ．(2.6) を使うと
$$W_i = q[V(i-1) - V(i)]$$
と表される．ここで $i = 1, 2, \cdots, n$ とおけば
$$W_1 = q[V(0) - V(1)]$$
$$W_2 = q[V(1) - V(2)]$$
$$\vdots$$
$$W_n = q[V(n-1) - V(n)]$$
となる．これらを全部加えると $V(1), V(2), \cdots, V(n-1)$ は次々と消えていき
$$W = W_1 + W_2 + \cdots + W_n = q[V(0) - V(n)] = q[V(A) - V(B)]$$
が示される．

例題 3 電子が 0 V の電位の所から 1 V の電位の所に加速されたとき，電子の得るエネルギーを **1 電子ボルト** (eV) という．1 電子ボルトは何 J か．

[解] 電子の電荷は $e = -1.60 \times 10^{-19}$ C と表される．このため，(2.8) で $V(A) = 0, V(B) = 1$ とおいて電子の得るエネルギーは 1.60×10^{-19} J と書ける．すなわち，$1\,\mathrm{eV} = 1.60 \times 10^{-19}\,\mathrm{J}$ の関係が成り立つ．

[補足] 線積分 (2.7) で $n \to \infty$ の極限値を $W = q \int_\mathrm{C} \bm{E} \cdot d\bm{r}$ と書き，この積分を曲線 C に沿う積分を**線積分**という．線積分は p.7 の補足で論じた面積積分に対応するものである．

2.3 導体

導体の特徴　金属のように電気をよく通すものが導体(どうたい)である．導体中に電場があると $j = \sigma E$ の関係 (4.8) (p.40) により電流が生じ静電気を考えていることと矛盾する．したがって，静電気を扱う限り，導体内はどこでも $E = 0$ である．導体中に任意の閉曲面をとりこれにガウスの法則を適用すると，表面に関する和は 0 で，その結果，電荷密度も導体中ではどこでも 0 となる．導体の場合，正電荷にせよ，負電荷にせよ電荷は導体の表面だけに生じる．導体内で電位が r の関数として変化していれば，(2.1) により一般に $E \neq 0$ となり，これは上述の結果と矛盾する．したがって，導体内で電位は一定でなければならない．このため，導体の表面は等電位面であり，導体のすぐ外側の電場は導体表面と垂直になる．

多数の点電荷　導体が作る電位を考察するため，図 1.3 (p.5) のように位置ベクトル $r_1, r_2, \cdots, r_N$ にそれぞれ $q_1, q_2, \cdots, q_N$ の点電荷が存在する体系を考える．E_i が電位 V_i から導かれると，全体の電位 V は

$$V = V_1 + V_2 + \cdots \tag{2.11}$$

と表される．(2.11) を使うと，現在考慮する系の r における電位 $V(r)$ は (2.4) (p.12) を利用して，次のように与えられる．

$$V(r) = \frac{1}{4\pi\varepsilon_0} \sum_{i=1}^{N} \frac{q_i}{|r - r_i|} \tag{2.12}$$

導体が作る電位　真空中に導体が存在するとき，前記のように導体の表面で電位は一定となる．表面を分割し i 番目 (位置ベクトル r_i) の面積を ΔS_i とする (図 2.4)．面密度は場所の関数であるが，ΔS_i 中ではほぼ一定とみなしこれを $\sigma(r_i)$ とおく．$\sigma(r_i) \Delta S_i$ は i 番目の部分がもつ電気量であるが，分割が十分細かいとすれば，この部分は点電荷とみなせ，(2.12) が適用できる．こうして場所 r における電位 $V(r)$ は

$$V(r) = \frac{1}{4\pi\varepsilon_0} \lim \sum_i \frac{\sigma(r_i) \Delta S_i}{|r - r_i|} \tag{2.13}$$

となる．ただし，lim は無限に細かい分割を意味する．$V(r)$ は表面上で一定となり，これは $\sigma(r_i)$ を決めるべき 1 つの条件 (**境界条件**) を与える．

静電誘導と誘導電荷　正電荷を導体に近づけ電場をかけると，導体中のキャリヤーは電場による力のため運動する．こうして正電荷に近い片側では負電荷が引き付けられ表面は負に，反対側の表面は正に帯電する (図 2.5)．この現象を**静電誘導**という．静電誘導のため導体表面に発生する電荷を**誘導電荷**という．

2.3 導体

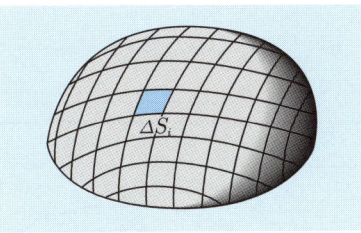

図 2.4 導体表面の分割

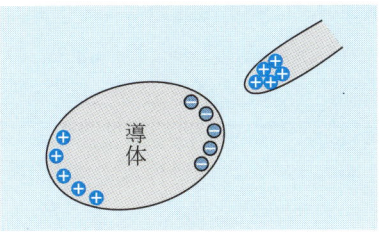

図 2.5 静電誘導

例題 4 導体内の電場は $\mathbf{0}$ であるが，導体表面上の点 P を考え，そこでの電荷の面密度 σ が与えられているとする．ガウスの法則を利用して点 P のすぐ外側における電場 $\boldsymbol{E}$ を求めよ．

解 図 2.6 に示すように，点 P の近傍で底面積 ΔS の微小な円筒をとり，上面，下面は導体表面に平行で，上面は導体の外側，下面は導体の内側にあるとする．さらにこの円筒の高さは十分小さいと仮定する．ΔS が十分小さければ，導体外部の面上で電場はほぼ一定とみなせる．また，電場はこの面と垂直で $E_n = E$ とおける．円筒の側面上，導体内の面上では $E_n = 0$ が成り立ち，円筒内の電荷が $\sigma \Delta S$ であることに注意するとガウスの法則により $\varepsilon_0 E \Delta S = \sigma \Delta S$ となる．これから

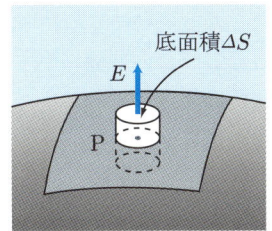

図 2.6 導体表面の電場

$$E = \frac{\sigma}{\varepsilon_0}$$

が得られる．$\boldsymbol{E}$ は表面と垂直で $\sigma > 0$ だと外向き，$\sigma < 0$ だと内向きになる．

参考 面積積分とラプラス方程式 導体表面上に電荷が連続分布しているとき，導体表面の $\boldsymbol{r}'$ という場所の面密度を $\sigma(\boldsymbol{r}')$ とする．その場合，(2.13) を

$$V(\boldsymbol{r}) = \frac{1}{4\pi\varepsilon_0} \int_S \frac{\sigma(\boldsymbol{r}')dS'}{|\boldsymbol{r} - \boldsymbol{r}'|}$$

と書き面積積分を導入する．積分は導体の表面 S にわたって行われる．何個かの導体があるときは各導体に対する同じような積分の和をとればよい．電荷がない空間で

$$\Delta V = 0, \quad \Delta \equiv \frac{\partial^2}{\partial x^2} + \frac{\partial^2}{\partial y^2} + \frac{\partial^2}{\partial z^2}$$

が示され，電位 V に対する上記の方程式をラプラス方程式，Δ をラプラシアンという．V は導体表面上で一定であるという境界条件を満たすラプラス方程式の解である．

導体表面に働く電気力　導体表面上の微小面積 ΔS をもつ微小部分に働く電気力を求める．このため，図 2.7 のように導体表面上で微小面積 ΔS の部分をとり，そこでの電場 $\boldsymbol{E}$ を ΔS 上の電荷 $\sigma \Delta S$ が作る電場と ΔS 上にない他の電荷が作る電場とに分けて考える．前者が導体表面のすぐ外と内で作る電場を $\boldsymbol{E}_1, \boldsymbol{E}_1'$，後者が作る電場を $\boldsymbol{E}_2, \boldsymbol{E}_2'$ とする．$\boldsymbol{E}_1$ と $\boldsymbol{E}_1'$ とは大きさが等しく反対向きで，$\boldsymbol{E}_2, \boldsymbol{E}_2'$ は導体表面で連続となり

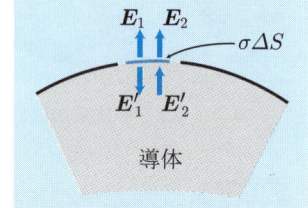

図 2.7　ΔS 部分に働く力

$$\boldsymbol{E}_1 = -\boldsymbol{E}_1' \tag{2.14}$$

$$\boldsymbol{E}_2 = \boldsymbol{E}_2' \tag{2.15}$$

の関係が成り立つ．$\boldsymbol{E}_1$ と $\boldsymbol{E}_1'$ による力は互いに消し合うので，この力は考慮しなくてもよい．その結果，電場 $\boldsymbol{E}_2 \,(= \boldsymbol{E}_2')$ のところに電荷 $\sigma \Delta S$ が置かれているので，この部分に働く力は $\sigma \boldsymbol{E}_2 \Delta S$ となる．

電場の決定　導体内部で電場は $\boldsymbol{0}$ であり，また $\boldsymbol{E}_1$ と $\boldsymbol{E}_2$ の和が表面外部近傍の電場 $\boldsymbol{E}$ を与える．したがって

$$\boldsymbol{E}_1' + \boldsymbol{E}_2' = \boldsymbol{0}, \quad \boldsymbol{E}_1 + \boldsymbol{E}_2 = \boldsymbol{E} \tag{2.16}$$

が成り立つ．これと (2.14), (2.15) とを組み合わせると

$$\boldsymbol{E}_1 = -\boldsymbol{E}_1' = \boldsymbol{E}_2' = \boldsymbol{E}_2$$

$$\therefore \ \boldsymbol{E}_1 = \boldsymbol{E}_2 = \frac{\boldsymbol{E}}{2} \tag{2.17}$$

が得られる．よって，ΔS 部分に働く電気力 $\boldsymbol{f}_\mathrm{e} \Delta S$ は

$$\boldsymbol{f}_\mathrm{e} \Delta S = \frac{1}{2} \sigma \boldsymbol{E} \Delta S \tag{2.18}$$

で与えられる．σ の符号が変わると $\boldsymbol{E}$ の符号も変わるので，上式の力は表面電荷の符号とは関係なく常に導体表面から外へ向かうような向きをもつ．例題 4 の結果を利用すると，導体表面に働く単位面積当たりの力の大きさ f_e は

$$f_\mathrm{e} = \frac{1}{2} \varepsilon_0 E^2 = \frac{\sigma^2}{2\varepsilon_0} \tag{2.19}$$

と表される．

マクスウェルの応力　上述の f_e は単位面積当たりの力で，圧力あるいはもっと一般に応力と同じ次元をもち，これを**マクスウェルの応力**という．真空中に導体をおくと真空にゆがみが生じ，応力が発生すると考えられる．

2.3 導体

導体と絶縁体

　電気を通すか，通さないかは物質によって大きな差がある．この状況を定量的に表すには物質の抵抗率を調べるのが簡単で，いくつかの代表例について 20 °C における数値を図 2.8 に示した (抵抗率の単位は $\Omega \cdot m$)．この図からわかるが，抵抗率は物質により非常に大きな違いがある．右の方は電気をよく通す**導体**，左の方は電気を通さない**絶縁体**であるが，左の石英ガラスの抵抗率は右の銀のほぼ 10^{24} 倍である．物質によってこのような大きな違いを示す物理量は他にあまり例がない．大差の原因は何かを明らかにすることは物理学の課題だが，この疑問に答えるには高度の知識が必要であり，この問題には立ち入らない．以下，実際的な面から上記の違いを論じていく．

　図 2.8 の一番右側に記した金，銀，銅は**貴金属**と呼ばれ，物理的にもこれらは似た性質をもっている．直接，電気とは関係ないが金は錆びず耐久性に富んだ金属で，一昔前には義歯によく使われた．著者は 45 年程前滞米中に友人の金属学者から金の線を貰ったが，配線に使うとの話であった．現在でもパソコンには金の線が使われている．アルミニウムは同じく金属で銅の抵抗率のほぼ 1.6 倍で戦時中銅線の代用品としてアルミニウムの線を利用した．それを知っているのはごくわずかであろう．これに対して，ビスマスは金属と半導体との中間に位するもので，**半金属**と呼ばれる．

　逆にベークライトより左の方は絶縁体で，普通，電気を通さないと考えられる物質である．大理石が配電盤などに利用されているのはこの性質を利用したものに他ならない．

　一方，方鉛鉱から亜酸化銅あたりまでの一群を**半導体**という．方鉛鉱，黄鉄鉱などはラジオの初期時代鉱石検波器として活躍した．セレンや亜酸化銅は整流器として利用されている．ゲルマニウムやシリコンは半導体産業の材料として現代の寵児である．最近ではイレブンナインという 9 が 11 個並ぶ 99.999999999％という純度をもつ製品が作られるようになった．この種の純度は IC など半導体素子の製造に必要となる．不純物が 10^{-11} という極微量な超高純度の材料が実現しているのは驚きである．

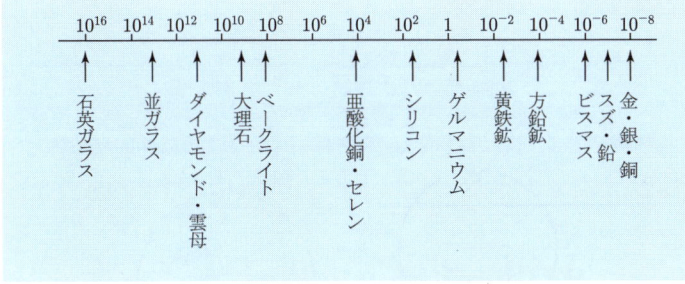

図 2.8　各種物質の抵抗率 ($\Omega \cdot m$)

2.4 コンデンサー

コンデンサー　接近した 2 つの導体をそれぞれ起電力 V の電池につなぐと，電池の陽極から正電荷 Q が一方の導体に，陰極から負電荷 $-Q$ が他方の導体に流れ込む．正負の電荷は互いに引き合い，向かい合った面上に分布し電気が蓄えられる．このような装置を**コンデンサー**または**キャパシター**あるいは**蓄電器**という．回路図でコンデンサーを表すには 2 本の少し太めの同じ長さの平行線を用いる．

電気容量　一般に，Q は V に比例し

$$Q = CV \tag{2.20}$$

と書ける．この比例定数 C をそのコンデンサーの**電気容量**という．1 V の起電力で 1 C の電荷が蓄えられるときを電気容量の単位とし，これを 1 ファラド (F) という．実用上，この単位は大きすぎるので，**マイクロファラド** ($\mu\text{F} = 10^{-6}\,\text{F}$) や**ピコファラド** ($\text{pF} = 10^{-12}\,\text{F}$) がよく使われる．

平行板コンデンサー　2 枚の平行な導体の板から構成されるコンデンサーを**平行板コンデンサー**といい，また導体の板を**極板**という．極板の面積を S，極板間の距離を l とすれば，平行板コンデンサーの電気容量 C は

$$C = \frac{\varepsilon_0 S}{l} \tag{2.21}$$

と表される (例題 5)．

コンデンサーの接続　図 **2.9(a), (b)** のようにコンデンサーを並列，あるいは直列に接続したとき，全体の電気容量 C は次のように書ける (演習問題 9)．

$$C = C_1 + C_2 + \cdots + C_n \tag{2.22a}$$

$$\frac{1}{C} = \frac{1}{C_1} + \frac{1}{C_2} + \cdots + \frac{1}{C_n} \tag{2.22b}$$

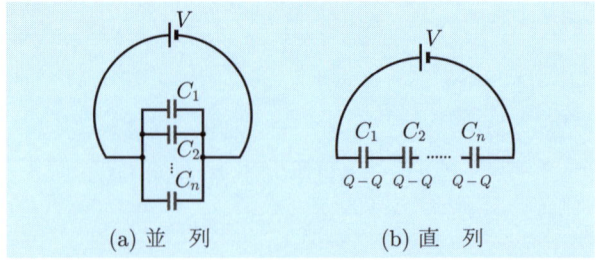

図 **2.9**　コンデンサーの接続

2.4 コンデンサー

例題 5 極板の面積が S, 極板間の距離が l の平行板コンデンサーの電気容量 C を求めよ.

解 図 2.10 で極板 A, B はそれぞれ電荷 Q, $-Q$ をもつとする. 極板が十分広ければ, (1.16) (p.8) で述べた結果が適用でき A での電場は極板と垂直で, A の上方では上向き, A の下方では下向きとなって, 大きさは一定値

$$\frac{\sigma}{2\varepsilon_0} \quad \left(\sigma = \frac{Q}{S}\right) \tag{1}$$

をもつ. B による電場も同様でこれらの電場の状況を図に示す. 全体の電場は, A, B によるものの和で, A の下方, B の上方では電場は打ち消し合い 0 となる. これに反し, 極板の間では (1) により大きさ

$$E = \frac{\sigma}{\varepsilon_0} \tag{2}$$

の電場が極板と垂直で上向きにできる. 実際には, 極板の面積は有限であるため, その縁近くで電場の大きさは (2) と違い, また電気力線も曲がる. しかし, l が極板の大きさより十分小さければ, このような効果は無視できる. したがって, 極板間の電場の大きさは一定で電気力線はすべて極板に垂直であるとしてよい. そこで, 1 つの電気力線に沿い (2.8) (p.14) の関係を適用すると, 極板 A から極板 B へ単位正電荷が移動するとき力のする仕事は El で, これが $V(A) - V(B)$ すなわち電池の起電力 V に等しい. したがって

$$E = \frac{V}{l} \tag{3}$$

となる. 一方, (2) により $E = \sigma/\varepsilon_0$ であるからこれを (3) に代入し $\sigma l/\varepsilon_0 = V$ が得られる. あるいは $\sigma = Q/S$ をこれに代入すると $Q = \varepsilon_0 SV/l$ となり, 電気容量 C は次式のように求まる.

$$C = \frac{\varepsilon_0 S}{l} \tag{4}$$

(4) は (2.21) と一致する.

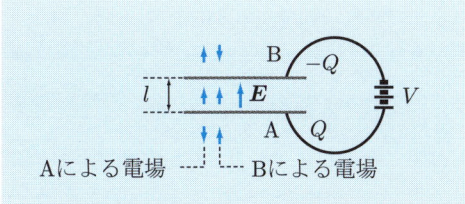

図 2.10 平行板コンデンサー

補足 **コンデンサーの応用** コンデンサーは電気を蓄えるという性質を使い, 自動車やノートパソコンの電源として利用される. また, コイルと組み合わせると特定の振動数をもつ交流を選別することが可能で, **同調回路**という. ラジオやテレビである特定の放送局を選ぶときこの回路が使われる.

演習問題 第2章

1 例題 5 (p.21) で (2.3) (p.12) に相当する式を論じ

$$E = \frac{V}{l}$$

の関係を導け．

2 図 2.11 のように点電荷 q, q' が距離 r だけ離れておかれているとする．q の位置を固定したとし，無限遠の彼方から電荷 q' を移動させ図 2.11 の状態を実現するのに必要な仕事を**クーロンポテンシャル**という．クーロンポテンシャル U を求めよ．

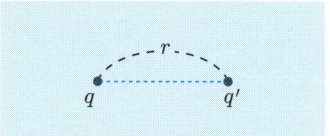

図 2.11　クーロンポテンシャル

3 頭上にある雷雲のため，地表で $E = 2 \times 10^4 \, \text{V} \cdot \text{m}^{-1}$ の大きさの電場が上向きに生じたとする．地球を導体とみなし，このときの地表の電荷密度を求めよ．

4 演習問題 3 で地表におけるマクスウェルの応力は何 Pa となるか．また，これは何気圧に相当するか．

5 図 2.8 (p.19) でニクロムの抵抗率は $10^{-6} \, \Omega \cdot \text{m}$ の程度で大体ビスマスと同じ位置にある．家庭用の電熱器はニクロム線から構成されているが，500 W の電熱器のニクロム線を全部銅線にしたらどんな事態が発生するか．

6 家庭用の電気でショートすると，大電流が流れ危険である．その対策として家庭用屋内配線ではブレーカーが多用されるようになり，大電流が流れると自動的に停電するようになっている．一昔前にはヒューズ線が使われていて，その材料としてビスマスが利用されていた．その理由について述べよ．

7 平行板コンデンサーの極板の面積が $0.5 \, \text{m}^2$，極板間の距離が $0.2 \, \text{mm}$ として電気容量を求めよ．また 6 V のバッテリーにこのコンデンサーを接続したとき蓄えられる電荷は何 C か．

8 極板の面積 S，極板の間の距離 l，電位差 V が与えられているとして，平行板コンデンサーの極板の間に働く力を求めよ．また演習問題 7 で論じた場合の力は何 N であるかを計算し，何 kg の物体に働く重力に等しいかを明らかにせよ．

9 コンデンサーを並列あるいは直列に接続したときの全体の電気容量を計算し，(2.22a, b) の結果を確かめよ．

第3章

誘 電 体

　物質は大別して導体，絶縁体に分類される．導体は自由電子をもちこれらの電子は電気のキャリヤーとなれる．しかし，絶縁体では電子が原子に束縛されるため，電子は体系中を自由に運動できず，電気のキャリヤーとはなり得ない．体系に電場をかけたとき，正電気と負電気のバランスが崩れ，誘電分極が発生する．誘電分極を起こすという意味で絶縁体を誘電体という．誘電体を記述するのに正電気と負電気がわずかにずれたとして電気双極子を扱うのが便利である．電気双極子は電気双極子モーメントで表されるが，単位体積中の電気双極子モーメントの和を電気分極という．電気分極から電束密度が定義され，誘電率が導入される．さらに，真空のとき成り立つガウスの法則を誘電体に拡張することを試みる．また，電気エネルギーについて論じよう．

本章の内容
3.1 誘電分極と電気双極子
3.2 電 気 分 極
3.3 誘電率と電束密度
3.4 電気エネルギー

3.1 誘電分極と電気双極子

絶縁体の特徴　固体の絶縁体では原子核が結晶格子を作り，電子はそれに強く束縛され自由に運動できないため電流が流れない．絶縁体では電場がないとき正電荷と負電荷が同じ数密度で一様に分布しており，全体として電気的中性が保たれていると仮定する．

誘電分極　絶縁体に図 **3.1(a)** のように外部から電場 E_0 を右向きに作用させると，電荷に働く力のため正電荷は右向きに，負電荷は左向きに移動し，正電荷と負電荷とが相互に少しずれる．この場合，絶縁体の内部では正負の電荷が重なっているため，電気的中性が実現する．しかし，右側の表面は正に，左側の表面は負に帯電する．この現象を**誘電分極**，また，表面に生じる電荷を**分極電荷**という．誘電分極を起こす物質という意味で，絶縁体のことを**誘電体**という．ここで，**(a)** の絶縁体を仮に 2 つに分割したとすると，**(b)** のように，それぞれの部分が誘電分極を起こす．このような分割を繰り返し行っても結果は同じで，その度に誘電分極が起こる．すなわち，分極している誘電体のどの部分を切り出しても，同じような分極した状態が実現する．外部から電場をかけなくても自発的に誘電分極が生じている物質もあり，これを**強誘電体**という．

電気双極子　誘電分極を表すため，わずかに離れた正負 2 つの点電荷 $\pm q$ を導入し，このような一組の電荷のペアを**電気双極子**という．また，電荷間の距離を l，l の大きさをもち $-q$ から q へ向かうベクトルを $\boldsymbol{l}$ とし

$$\boldsymbol{p} = q\boldsymbol{l} \tag{3.1}$$

で定義される $\boldsymbol{p}$ を**電気双極子モーメント**あるいは単にモーメントという．

電気双極子の作る電位　図 **3.2(a)** のように z 軸に沿い原点 O に $\boldsymbol{p}$ がおかれているとき，図のような距離 r，角 θ を導入すると，$\boldsymbol{p}$ が点 P に作る電位 V は

$$V = \frac{p\cos\theta}{4\pi\varepsilon_0 r^2} \tag{3.2}$$

と表される (例題 1)．ここで p は $\boldsymbol{p}$ の大きさ $p = ql$ である．あるいは，点 P を表す位置ベクトルを $\boldsymbol{r}$ とすれば，上式は

$$V = \frac{\boldsymbol{p}\cdot\boldsymbol{r}}{4\pi\varepsilon_0 r^3} \tag{3.3}$$

と書ける．上式からわかるように，電気双極子の作る電位 (したがって電場) は q, l のそれぞれに依存するのではなく両者の積 ql だけに依存する．このため，ql を一定に保っておけば q や l を変えても電場の様子は変わらない．

3.1 誘電分極と電気双極子

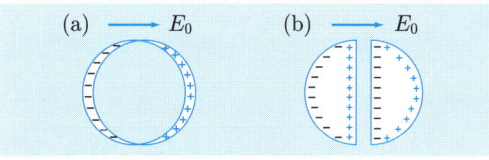

図 3.1 誘電分極

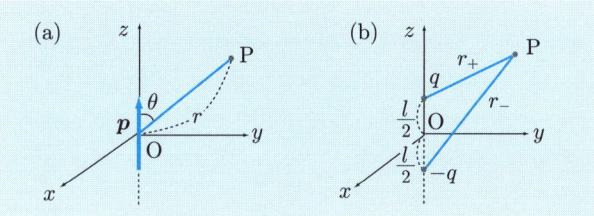

図 3.2 電気双極子の作る電位

例題 1 電気双極子の作る電位を求めよ．

解 この問題を解くために，電気双極子が図 3.2(b) のように表されるのに注意し

$$V = \frac{q}{4\pi\varepsilon_0}\left(\frac{1}{r_+} - \frac{1}{r_-}\right) \tag{1}$$

の関係を用いる．P の座標を x, y, z とし，l は小さいとして l^2 を無視すると r_+ は

$$r_+ = \left[x^2 + y^2 + \left(z - \frac{l}{2}\right)^2\right]^{1/2} \simeq (x^2 + y^2 + z^2 - zl)^{1/2}$$

と近似できる．原点 O と点 P との間の距離を r とすれば，$r^2 = x^2 + y^2 + z^2$ となり $r_+ = (r^2 - zl)^{1/2}$ と書ける．これから

$$\frac{1}{r_+} = \frac{1}{r}\left(1 - \frac{zl}{r^2} + \cdots\right)^{-1/2}$$

が得られる．x が 1 より十分小さいと $(1-x)^{-1/2} \simeq 1 + x/2$ となり

$$\frac{1}{r_+} = \frac{1}{r}\left(1 + \frac{zl}{2r^2} + \cdots\right) \tag{2}$$

と書ける．r_- を求めるには $l \to -l$ とすればよい．こうして次式が導かれる．

$$\frac{1}{r_-} = \frac{1}{r}\left(1 - \frac{zl}{2r^2} + \cdots\right) \tag{3}$$

(2), (3) を (1) に代入すると

$$\frac{1}{r_+} = \frac{1}{r}\left(1 + \frac{zp}{2r^2 q}\right), \quad \frac{1}{r_-} = \frac{1}{r}\left(1 - \frac{zp}{2r^2 q}\right)$$

となる．ここで $p = ql$ とおき，$z = r\cos\theta$ に注意すれば (3.2) が導かれる．

3.2 電気分極

分極電荷と電気双極子　誘電体で電場をかけると，構成粒子中の正電荷は電場と同じ向きに，負電荷は逆向きに移動する．その結果，図 **3.3(a)** のように電場と同じ向きに $p_1, p_2, \cdots$ といった各構成粒子の電気双極子モーメント (以後簡単にモーメントという) が生じる．分極電荷とモーメントの関係を調べるため，図 **3.3(a)** で電場と垂直な平面 AB で誘電体を切り，上の部分 1 と下の部分 2 とに分割したとする [図 **3.3(b)**]．**(a)** を見ればわかるように，1 の下面の真上には負電荷があるのでこの面は負に帯電する．同様に，2 の上面の真下には正電荷があるのでこの面は正に帯電する．このような面上に発生する電荷が分極電荷であると考えられる．

電気分極　i 番目の電気双極子のモーメントを p_i とし，点 r の近傍で微小体積 ΔV 中での p_i の和を

$$P(r)\Delta V = \sum_i p_i \tag{3.4}$$

とおき $P(r)$ を定義する (p_i の和については例題 2 で論じる)．このようにして定義されるベクトル P を**電気分極**または**分極ベクトル**という．特に，(3.4) で $\Delta V = 1$ とおけば P は象徴的に次のように書ける．

$$P = \sum_{(単位体積中)} p_i \tag{3.5}$$

電気分極と分極電荷　p.28 で述べるように，P の大きさ P が分極電荷 σ' に等しい．すなわち次式が成立する．

$$\sigma' = P \tag{3.6}$$

$'$ は分極電荷によることを明記するための記号で，これを説明するのはやや程度の高い話であるが，p.29 のコラム欄に掲載した．分極電荷は磁石の N 極や S 極と同様，正負に分けてとり出すことは不可能である．一方，電池から移動する電荷とか帯電した電荷などを**真電荷**と呼び，分極電荷と区別している．

自由電荷　誘電体は電気双極子の集まりでこれに伴い分極電荷は発生する．一般に，真電荷と分極電荷との和を**自由電荷**という．誘電体が存在するようなとき，真空中に真電荷と分極電荷が存在すると考えられる．この場合，ガウスの法則 (1.11) (p.6) で左辺はそのまま S の表面に関する和であるが，右辺の Q は領域 V 中に含まれる自由電荷の量である．このように誘電体は真空中の電気双極子の集合として記述される．

3.2 電気分極

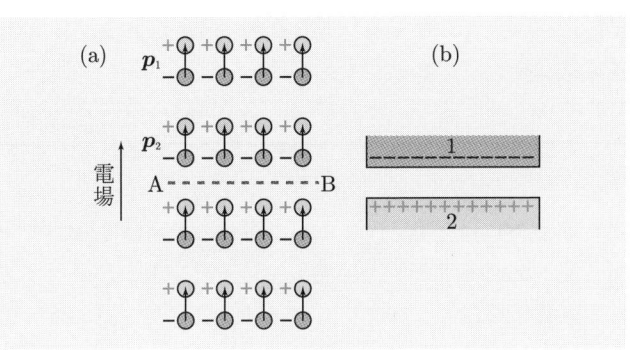

図 3.3 分極電荷

例題 2 $\pm q$ の点電荷から構成される 2 つの電気双極子モーメント p_1, p_2 が図 3.4 のように p_1 は点 1 から点 2 に，p_2 は点 2 から点 3 へ向かうとする．点 1, 2, 3 を表す位置ベクトルをそれぞれ r_1, r_2, r_3 とすれば

$$p_1 = q(r_2 - r_1), \quad p_2 = q(r_3 - r_2)$$

と書ける．上の 2 つの和をとると

$$p_1 + p_2 = q(r_3 - r_1)$$

となり，$p_1 + p_2$ は点 1 から点 3 へ向かうモーメントであることがわかる．このように，モーメントの和は通常のベクトルの和と同じ規則で与えられる．これを一般化し図 3.5 のように $p_1, p_2, \cdots, p_n$ という n 個のモーメントが次々とつながっているとき $p_1 + p_2 + \cdots + p_n$ は点 1 から点 $n+1$ へ向かうモーメントであることを示せ．

解 $p_1 = q(r_2 - r_1), p_2 = q(r_3 - r_2), \cdots, p_n = q(r_{n+1} - r_n)$ から $p_1 + p_2 + \cdots + p_n = q(r_{n+1} - r_1)$ となり題意の通りである．

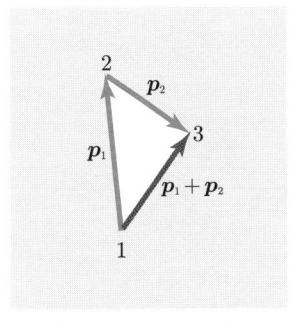

図 3.4 p_1, p_2 の和

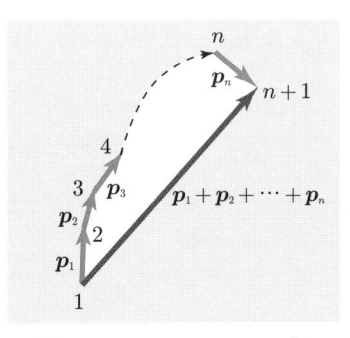

図 3.5 $p_1, p_2, \cdots, p_n$ の和

(3.6) の説明　ここで (3.6) を導いておこう．前述の $p_1, p_2, \cdots$ で 1 とか 2 という添字は電気双極子の位置を表す記号だが，以下ベクトルとしてこれらは同じであるとしそれを p と書く．また電気双極子は結晶の格子点のように整然と配置していると仮定する．このような電気双極子の集まりが示す性質を調べるため，p を次のように変換する．図 **3.6** のように，p をその方向に伸びた底面積 S'，高さ l' の小直方体に変換し，この小直方体の上面には面密度 σ' の正電荷，下面には面密度 $-\sigma'$ の負電荷が与えられているとする．S' が十分小さければ，上面，下面の電荷は点電荷とみなせ，小立方体のモーメントの大きさは $\sigma' S' l'$ となる．これが元来の p の大きさ p に等しいとする．すなわち $p = \sigma' S' l'$ とおく．前述のように電気双極子の作る電場は p に依存し，小立方体のモーメントは元来の p と一致するから，小立方体は個々の電気双極子と同じ機能をもつ．

　誘電体中の電気双極子モーメントの向きを z 軸にとり，図 **3.7** のように面積 S，高さ L の直方体の部分を考えよう．この中の個々の電気双極子を前述の小立方体で置き換え，l', S' を適当に選び，直方体の部分を小直方体で埋め尽くすようにする．その結果，図 **3.7** に示した z 方向に積み重なった小直方体の列で，隣り合う小直方体の上面と下面の電荷は互いに打ち消し合い，結局，一番上面と一番下面の電荷だけが残る．したがって，σ' は分極電荷の面密度を表すことになる．また，この列中にある個々のモーメントの和を考えてみよう．図 **3.6** の変換を適用すると，小立方体のモーメントが次から次へとつながる．よって，例題 2 で学んだベクトル和の規則により前述の和は下面に $-\sigma' S'$，上面に $\sigma' S'$ の電荷があり，それらが距離 L だけ離れている場合のモーメントに等しい．すなわち，この和は大きさが $\sigma' S' L$ で z 方向を向く．図 **3.7** の直方体全体について p_i の和をとるには，上のような和が全体で S/S' 個あることに注意し $\sigma' S' L$ を S/S' 倍すればよい．こうして直方体全体に関する和 $\sum p_i$ の大きさは $\sigma' SL$ で，$SL = 1$ とおけば (3.6) が導かれる．

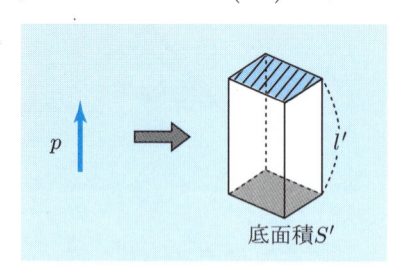

図 **3.6**　電気双極子モーメントの変換

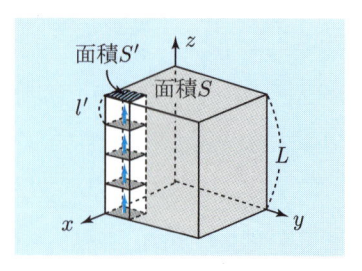

図 **3.7**　面積 S，高さ L の直方体

ガウスの定理の応用

　これまでコラム欄はやさしい話が主で，内容のより深い理解を目指してきた．しかし，このコラム欄は従来と違いかなり高尚な話を扱い，今後の読者の勉学の目標を示している．きっかけは前ページの議論中，電気双極子モーメント $\boldsymbol{p}$ が場所により異なるとき結論がどうなるかという問題設定である．微積分を知らないでこの答を出すのは難しいが，はじめての読者は結論を理解しておけば十分であろう．

　結論からいうと領域 V（表面 S）内の電気双極子が作る電位は，$\sigma' = P_n$ の面密度，$\rho' = \operatorname{div} \boldsymbol{P}$ の電荷密度の分極電荷が生じるものと同じである．σ, ρ につけた $'$ の記号は，前述の通り分極電荷を明記するために導入された．上記の結論の証明にはガウスの定理，すなわち，ベクトル場 $\boldsymbol{A}(\boldsymbol{r})$ に対する

$$\int_V \operatorname{div} \boldsymbol{A}\, dV = \int_S \boldsymbol{A} \cdot \boldsymbol{n}\, dS = \int_S A_n\, dS$$

を使う．$\operatorname{div} \boldsymbol{A}$ は $\boldsymbol{A}$ の発散と呼ばれ

$$\operatorname{div} \boldsymbol{A} = \frac{\partial A_x}{\partial x} + \frac{\partial A_y}{\partial y} + \frac{\partial A_z}{\partial z}$$

と定義される．$\boldsymbol{n}$ は表面 S の内から外へ向かう法線方向の単位ベクトルで，A_n は $\boldsymbol{A}$ の法線方向の成分である．ガウスの定理は体積積分を面積積分に変換する公式と考えてよい．(3.3) (p.24)，(3.4) (p.26) を利用すると点 $\boldsymbol{r}$ での電気分極を $\boldsymbol{P}(\boldsymbol{r})$ とすれば，領域 V の外部での点 $\boldsymbol{R}$ における電位 $V(\boldsymbol{R})$ は次のように表される．

$$V(\boldsymbol{R}) = \frac{1}{4\pi\varepsilon_0} \int_V \frac{\boldsymbol{P}(\boldsymbol{r}) \cdot (\boldsymbol{R} - \boldsymbol{r})}{|\boldsymbol{R} - \boldsymbol{r}|^3} dV$$

ここで

$$\operatorname{div} \frac{\boldsymbol{P}(\boldsymbol{r})}{|\boldsymbol{R} - \boldsymbol{r}|} = \frac{\boldsymbol{P} \cdot (\boldsymbol{R} - \boldsymbol{r})}{|\boldsymbol{R} - \boldsymbol{r}|^3} + \frac{\operatorname{div} \boldsymbol{P}}{|\boldsymbol{R} - \boldsymbol{r}|}$$

を適用し，ガウスの定理を使うと

$$V(\boldsymbol{R}) = \frac{1}{4\pi\varepsilon_0} \int_S \frac{P_n}{|\boldsymbol{R} - \boldsymbol{r}|} dS - \frac{1}{4\pi\varepsilon_0} \int_V \frac{\operatorname{div} \boldsymbol{P}}{|\boldsymbol{R} - \boldsymbol{r}|} dV$$

が得られる．上式から，領域 V 内の電気双極子が外部に作る電場は，見かけ上，その表面 S 上の面密度 $\sigma' = P_n$ の分極電荷と V 内の電荷密度 $\rho' = -\operatorname{div} \boldsymbol{P}$ の分極電荷から作られることがわかる．

　以上の計算がわからぬ読者は微積分の勉強をしてベクトル解析の本を読んでほしい．幸い，日本語で書かれたこの方面の教科書は沢山ある．そのような学習を積めば上記の内容は理解できるであろう．

3.3 誘電率と電束密度

誘電率 極板の面積が S，極板間の距離が l の平行板コンデンサーがある．この極板の間に誘電体を挿入したとき (図 **3.8**)，実験の結果によると，電気容量 C は大きくなり，(2.21) (p.20) の ε_0 を ε で置き換えた

$$C = \frac{\varepsilon S}{l} \tag{3.7}$$

と表される (例題 3)．この ε をその誘電体の**誘電率**という．また

$$k_\mathrm{e} = \frac{\varepsilon}{\varepsilon_0} \tag{3.8}$$

の比 k_e をその誘電体の**比誘電率**という．誘電率の大きさは物質によって異なるが必ず ε_0 より大きい．すなわち $k_\mathrm{e} > 1$ で誘電体を挿入すると C は増加する．例えば雲母の k_e は 7.0 である．したがって，雲母板を挿入するとコンデンサーの電気容量は真空に比べ 7.0 倍となる．ちなみに，空気中の電気容量は真空中の電気容量とほとんど同じである．

電束密度 以下の式

$$\boldsymbol{D} = \varepsilon_0 \boldsymbol{E} + \boldsymbol{P} \tag{3.9}$$

で定義されるベクトル $\boldsymbol{D}$ を**電束密度**という．$\boldsymbol{D}$ は $\boldsymbol{P}$ と同じ次元をもち，$\boldsymbol{P}$ は単位体積当たりの電気双極子モーメントであるからその単位は $\mathrm{C \cdot m^{-2}}$ で，$\boldsymbol{D}$ の単位も同じ $\mathrm{C \cdot m^{-2}}$ である．通常 $\boldsymbol{P}$ は $\boldsymbol{E}$ に比例するが，これを

$$\boldsymbol{P} = \chi_\mathrm{e} \varepsilon_0 \boldsymbol{E} \tag{3.10}$$

と表し，比例定数 χ_e をその誘電体の**電気感受率**という．真空では $\chi_\mathrm{e} = 0$ である．誘電体に外部から電場を作用させると，$\boldsymbol{P}$ は必ず電場と同じ向きに生じるので

$$\chi_\mathrm{e} > 0 \tag{3.11}$$

である．(3.9) に (3.10) を代入すると

$$\boldsymbol{D} = \varepsilon_0 (1 + \chi_\mathrm{e}) \boldsymbol{E} \tag{3.12}$$

と表される．誘電率 ε は

$$\varepsilon = \varepsilon_0 (1 + \chi_\mathrm{e}) \tag{3.13}$$

と書け，$\boldsymbol{D}$ と $\boldsymbol{E}$ との間には次の関係が成り立つ．

$$\boldsymbol{D} = \varepsilon \boldsymbol{E} \tag{3.14}$$

(3.11) のため $\varepsilon > \varepsilon_0$ が成り立つ．電場が電気力線で記述されるように，空間中の曲線があって接線が $\boldsymbol{D}$ に比例するとき，この曲線を**電束線**という．ε は次元のある量で $\boldsymbol{D}$ と $\boldsymbol{E}$ とは違う次元をもつことに注意する必要がある．

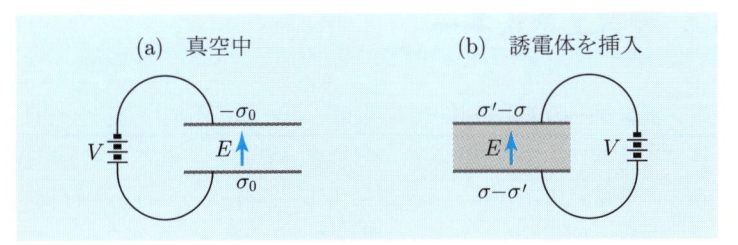

図 3.8 平行板コンデンサーの電気容量

> **例題 3** 平行板コンデンサーの極板の間に誘電率 ε の誘電体を挿入した場合のコンデンサーの電気容量 C を求めよ.

解 図 3.8(a), (b) のように同じ構造の平行板コンデンサーを 2 組考え，(a) では極板間が真空中 (空気中), (b) では極板間に誘電体が挿入されているとする. 極板は両者とも同じ起電力 V の電池につないである. 両方の場合とも単位正電荷が移動するのに力のする仕事が電位差であるから電場の大きさはともに $El = V$ で与えられる. すなわち (a), (b) ともに次の関係が成り立つ.

$$E = \frac{V}{l}$$

(a) で下の極板上の電荷面密度を σ_0 とすれば

$$\varepsilon_0 E = \sigma_0$$

が成り立つ. 一方, (b) で同じ極板上で電池から供給される真電荷の面密度を σ としよう. 誘電体の表面には面密度 $\sigma' = P$ の分極電荷が生じるが, 下の極板の

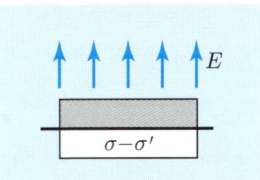

図 3.9 極板をはさむ平板

真上では図 3.3(b) (p.27) により負電荷が発生する. この面電荷は $-\sigma'$ と書ける. 以上の 2 つの面電荷を考慮すると, 結局 (b) の場合, 下の極板上の面密度は $\sigma - \sigma'$ で与えられる. 上の極板上の面密度は符号を逆転し $\sigma' - \sigma$ となる. ここで, 下の極板をはさむ平板を考え (図 3.9) ガウスの法則を適用する. コンデンサーの外側では電場は 0 となる. また誘電体の内部は真空中に電気双極子が存在するとみなされ, 平板中の電荷は正負で消し合う. こうして, 結局極板上の面密度 $\sigma - \sigma'$ だけを考えればよい. すなわち

$$\varepsilon_0 E = \sigma - \sigma' \quad \therefore \quad \varepsilon_0 E + P = \sigma$$

と書け, これをベクトル的に拡張したのが (3.9) である.

$$\sigma S = Q, \quad \varepsilon_0 E = \sigma$$

となるので $\varepsilon_0 \to \varepsilon$ とすれば誘電体があるときの電気容量が求まる.

3.4 電気エネルギー

平行板コンデンサーのエネルギー　帯電した物体は小紙片を引き付けるので，その物体はある種のエネルギーをもつと考えられる．一般に，電場が蓄えているエネルギーを**電気エネルギー**とか**電場のエネルギー**という．平行板コンデンサーを例にとり，電気エネルギーを考察しよう．面積 S，間隔 l の平行板コンデンサーの極板間に誘電率 ε の物質を詰めたとする．このコンデンサーを充電し，極板間の電場の大きさを 0 から E まで増やすのに必要な仕事 W を求める．両極板に $\pm q$ の電荷があるときの電場を E' とすれば (図 3.10)，さらに $\Delta q\,(>0)$ の電荷を負極板から正極板に運ぶための仕事 ΔW は

$$\Delta W = E'l\Delta q \tag{3.15}$$

と表される．図 3.10 で E' は下向きで Δq に働く力 $E'dq$ も下向きとなる．この力に逆らい，Δq の電荷を距離 l だけ移動させるので ΔW は (3.15) のように書ける．魚を釣り上げるとき重力は下向きであるが，これに逆らい上向きの力を作用させる必要があるのと事情は似ている．一方，E' に対して $\varepsilon E' = q/S$ が成り立ち，q を変えるかわりに電場を変えるとすれば，$\Delta q = \varepsilon S \Delta E'$ で (3.15) は

$$\Delta W = \varepsilon S l E' \Delta E' \tag{3.16}$$

となる．したがって，電場を 0 から E までにするための仕事は，(3.16) を E' に関し 0 から E まで加え合わせて

$$W = \frac{\varepsilon S l}{2} E^2 \tag{3.17}$$

となる (例題 4)．

エネルギー密度　(3.17) で Sl は極板にはさまれた領域の体積 V で，この領域以外で電場は 0 である．このため体積 V の空間中に (3.17) だけの電気エネルギー U_e が蓄えられると考えられる．すなわち，エネルギー保存則により，ある体系に仕事 W を加えると，その体系のエネルギーは W だけ増加する．したがって，U_e は (3.17) と同じく

$$U_\mathrm{e} = \frac{\varepsilon S l}{2} E^2 \tag{3.18}$$

と表される．上式からわかるように，単位体積当たりの電気エネルギー (**電気エネルギー密度**) u_e は次式で与えられる．

$$u_\mathrm{e} = \frac{\varepsilon E^2}{2} = \frac{ED}{2} = \frac{\boldsymbol{E} \cdot \boldsymbol{D}}{2} \tag{3.19}$$

3.4 電気エネルギー

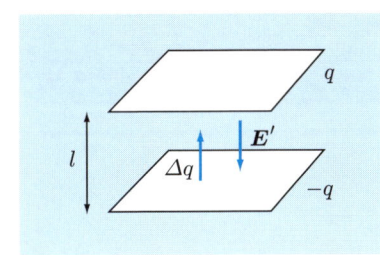

図 3.10 平行板コンデンサーのエネルギー

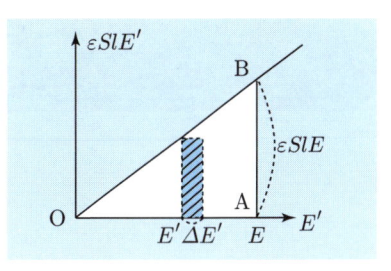

図 3.11 (3.17) の導出

例題 4 (3.17) を導け.

解 $\varepsilon SlE'$ を E' の関数として図示すると図 3.11 のような直線となる. (3.16) により電場を E' から $\Delta E'$ だけ増やすのに必要な仕事 ΔW は図に示す長方形の面積に等しい. 電場を 0 から E までにするための仕事はこれらの長方形の面積の和となる. ここで $\Delta E' \to 0$ の極限をとり無限に分割を細かくすれば, 上記の和は △OAB の面積に等しいとみなせる. △OAB は底辺の長さ E, 高さ εSlE の直角三角形であるからその面積は (3.17) で与えられる.

例題 5 平行板コンデンサーの極板上の電荷を一定に保つと仮定し, 極板の間に働く力を求めよ.

解 極板 A の延長面上に原点 O を選び, AB に垂直に x 軸をとる (図 3.12). 極板 A を固定し, 平行という条件を保ったまま, 仮想的に B を移動させ l を $l + \Delta l$ にしたとする. 求める力の x 成分を F_x とすれば, 外部から加える力のする仕事は $-F_x \Delta l$ と書ける. Q を一定に保つとしたから, 電池は仕事をしない. このため, 上の仕事は電気エネルギー U_e の増加分に等しい. よって

$$-F_x \Delta l = \Delta U_e \quad (1)$$

が成り立つ. 演習問題 6 により U_e は $U_e = Q^2/2C$ と表される. C に対する (3.7) (p.30) を代入すると

$$U_e = \frac{lQ^2}{2\varepsilon S} \quad (2)$$

が得られる. (1) により F_x は

$$F_e = -\frac{Q^2}{2\varepsilon S} \quad (3)$$

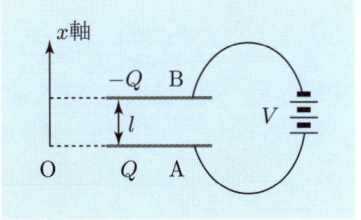

図 3.12 極板間に働く力

と計算される. (3) で F_x が負になっているのは, 図 3.12 の極板間に働く力が引力であることを意味する.

演習問題 第3章

1. 電気素量をもつ正負の点電荷が $1\,\text{Å}\,(=10^{-10}\,\text{m})$ だけ離れている場合，電気双極子モーメントの大きさはいくらか．電気双極子モーメントの大きさの単位としてデバイを使うことがある．$1\,\text{デバイ}=3.3356\cdots\times 10^{-30}\,\text{C·m}$ であるが，上で求めた値は何デバイか．ただし，陽子と電子の電荷をそれぞれ $e, -e$ とする $(e = 1.602\times 10^{-19}\,\text{C})$．

2. 原点に電気双極子モーメント $\boldsymbol{p}$ の電気双極子がおかれているとき，位置ベクトル $\boldsymbol{r}$ における電場 $\boldsymbol{E}(\boldsymbol{r})$ を求めよ．

3. HCl の電気双極子モーメントの大きさは $3.4\times 10^{-30}\,\text{C·m}$ である．分子の中心を通りモーメントと垂直な平面内で分子から $5\times 10^{-9}\,\text{m}$ 離れた場所の電場の大きさを求めよ．

4. 真空中に $0.1\,\text{C}$ の点電荷がおかれている．これから $0.5\,\text{m}$ 離れた点における電場の大きさ，電束密度の大きさを求めよ．

5. 真空中で $5\,\mu\text{F}$ の電気容量をもつ平行板コンデンサーの極板間に比誘電率 8 の大理石を挿入した．コンデンサーの電気容量は何 μF になるか．

6. 極板間の電位差を V，極板に蓄えられる電荷を $\pm Q$，電気容量を C とすれば，コンデンサーの電気エネルギー U_e は次のように書けることを示せ．

$$U_e = \frac{QV}{2} = \frac{CV^2}{2} = \frac{Q^2}{2C}$$

7. 図 3.13 のように起電力 V の電池にコンデンサー C，電気抵抗 R を連結した回路を考える．微小時間 Δt の間に電池のする仕事を考察し，これがジュール熱と電気エネルギーに変換されることを示せ．

8. 面積 S，間隔 l の平行板コンデンサーの極板間に誘電率 ε の物質を詰めたとする．極板を起電力 V の電池につなぎ，V を一定に保って間隔を Δl だけ増加させたとき，極板間の力 F_V を求めよ．

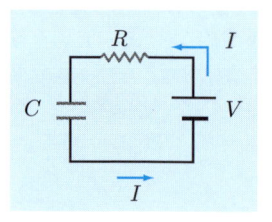

図 3.13 電気回路

9. 平行板コンデンサーの極板間に働く力は $Q=$ 一定 として例題 5 (p.33) で学んだ．この力を F_Q とおく．力の原因は p.18 で述べたように電場によるもので，$V=$ 一定 とか $Q=$ 一定 という条件で無関係である．実際 $F_V = F_Q$ であることを示せ．

第4章

電　流

　電気や磁気が発見されたのはギリシア時代ということである．電磁気は日常生活で欠くべからざる存在となっている．身辺を見回すと，夜の明かりは電灯に頼っているし，テレビ，パソコン，携帯電話などは生活必需品といっても過言ではない．これらはいずれも電気は流れるという性質に頼っている．このような電気の流れを電流というが，電流は身のまわりの電磁気現象でもっともありふれたものである．電流がどう運ばれるかそのキャリヤーを学び，電流を支配するオームの法則について述べる．ついで，電流密度，電力とジュール熱，直流回路などに触れる．

本章の内容

4.1　電流のキャリヤー
4.2　オームの法則
4.3　電　流　密　度
4.4　電力とジュール熱
4.5　直　流　回　路

4.1 電流のキャリヤー

電池と直流　電池やバッテリーは懐中電灯，リモコン，電気シェーバーなどに使われる．電池は**陽極**（＋極）と**陰極**（－極）の2つの極をもち，通常，回路図で陽極を細長い線，陰極を太く短い線で表す（図 **4.1**）．豆電球を電池につなぐと豆電球は光るが，これは電池から流れ出た電気をもつ粒子（**荷電粒子**）が豆電球を通るとき荷電粒子の力学的エネルギーが光のエネルギーに変わるからである．荷電粒子は**電荷**とも呼ばれ，その流れが**電流**である．電池に豆電球をつないだ場合，電流は電池の陽極から陰極へと一方的に流れる．このような一方向きの電流を**直流**という．直流は自然現象における一方通行であると考えてよい．電流の大きさを測るには，電流計を利用する．国際単位系における電流の単位はアンペア（A）であるが，微弱な電流を測るときにはミリアンペア（$= 10^{-3}$ A, mA）やマイクロアンペア（$= 10^{-6}$ A, μA）などの単位を用いる．

電流のキャリヤー　一般に，電気を運ぶものを電流の**キャリヤー**という．キャリヤーには大別して，正の電気量をもつものと負の電気量をもつものとがある．金属では，キャリヤーは負の電気量をもつ自由電子である．電子は電池の陰極から出て陽極に入り，その流れの向きは電流の向きと逆になる．半導体の場合，n 型半導体のキャリヤーは電子であるが，p 型半導体では**正孔**と呼ばれる正の電気量をもつ荷電粒子である．電磁気学ではキャリヤーのミクロな実体はあまり問題とせず正の荷電粒子と負の荷電粒子の2種を考え，それぞれを**正電荷**，**負電荷**という．正電荷は電池の陽極から出て陰極に入り，負電荷は陰極から出て陽極に入る（図 **4.1**）．電流の向きは正電荷の流れる向きと決められている．1 A の電流が導線を流れるとき，流れの向きと垂直な断面を毎秒当たり通過する電気量を 1 クーロン（C）という．陽子1個がもつ電気量は

$$e = 1.602 \times 10^{-19} \text{ C} \tag{4.1}$$

でこれを**電気素量**または**素電荷**という．電子1個がもつ電気量は $-e$ である．巨視的な電気量は厳密にいうと電気素量の整数倍である．しかし，電気素量は極めて小さい量であるため，電磁気学の立場では電気量を連続的な物理量と考える．

電気素量の測定　電気素量の測定に初めて成功したのはアメリカの物理学者ミリカン（1868-1953）で 1909 年のことであった．彼は油滴を用いて油滴に付着する電荷の大きさを測定し，これが (4.1) の整数倍である事実を発見した．このため，彼の実験はミリカンの油滴実験と呼ばれる場合がある．

4.1 電流のキャリヤー

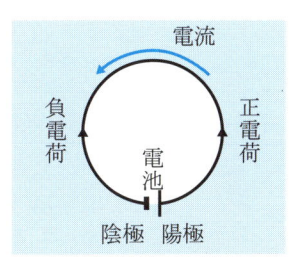

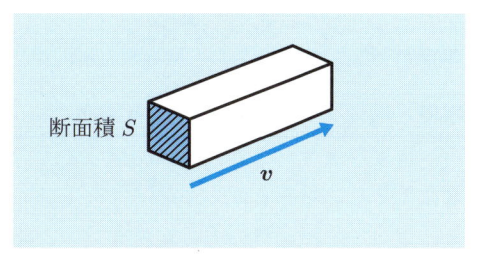

図 4.1 正電荷と負電荷

図 4.2 キャリヤーの速度方向に伸びた直方体

例題 1 キャリヤー 1 個の電気量が q であるとして，以下の設問に答えよ．
(a) 導線に I の電流が流れているとする．導線と垂直な断面を時間 t の間に通過するキャリヤーの数を求めよ．
(b) キャリヤーが運動する速さを v，断面の面積を S，キャリヤーの**数密度**（単位体積中のキャリヤーの数）を n として，電流 I を q, n, S, v で表せ．

解 (a) 求めるキャリヤーの数を N とする．時間 t の間に断面を通過する電気量は It なので，これをキャリヤーの電気量で割れば N が求まり，$N = It/q$ と書ける．

(b) 図 4.2 のようにキャリヤーの速度を $\boldsymbol{v}$ とし，$\boldsymbol{v}$ の方向に伸びた断面積 S の直方体を考える．単位時間の間にこの直方体中のキャリヤーは断面を通過するため，電流 I は直方体中のキャリヤーの全電気量に等しい．直方体の体積は Sv で，その中のキャリヤーの数は nSv で与えられるので
$$I = qnSv$$
が得られる．上式で qn は単位体積当たりの電荷量である．これを**電荷密度**といい，以下 ρ の記号で表す．ρ を使うと I は $I = \rho Sv$ となる．

例題 2 銀の密度は $10.5\,\mathrm{g \cdot cm^{-3}}$，1 モルの銀の質量は $108\,\mathrm{g}$ である．モル分子数（アボガドロ数）を 6.02×10^{23} として，銀の自由電子の数密度を求めよ．また，断面積 $1\,\mathrm{mm^2}$ の導線に $100\,\mathrm{A}$ の電流が流れているとき，キャリヤーの速さは何 $\mathrm{m \cdot s^{-1}}$ か．

解 銀は 1 価金属であるから自由電子の数密度 n は銀原子の数密度に等しい．題意により，1 モルの銀は $(108/10.5)\,\mathrm{cm^3} = 10.3\,\mathrm{cm^3}$ の体積を占め，この中に 6.02×10^{23} 個の銀原子が存在する．したがって，n は
$$n = \frac{6.02 \times 10^{23}}{10.3\,\mathrm{cm^3}} = 5.84 \times 10^{28}\,\mathrm{m^{-3}}$$
と計算される．また，例題 1 の (b) から $v = I/qnS$ と表されるので，v は
$$v = \frac{100}{1.60 \times 10^{-19} \times 5.84 \times 10^{28} \times 10^{-6}}\,\mathrm{m \cdot s^{-1}} = 1.07 \times 10^{-2}\,\mathrm{m \cdot s^{-1}}$$
となる．

4.2 オームの法則

電圧と電流　電流は水の流れと似ている．水は高い所から低い所へ流れるが，電流の場合，この高さに相当するものを**電位**，高さの差に相当するものを**電位差**または**電圧**という．電圧は電圧計で測られ，その単位は**ボルト** (V) である．電池では，陽極の方は電位が高く，陰極の方は電位が低い．電池やバッテリーは電流を流す能力をもつが，これを**起電力**という．起電力もボルトで測られる．1 個の電池の起電力は 1.5 V，1 個のバッテリーの起電力は 2 V である．何個かの電池を直列につなぐと，全体の起電力は 1 個の電池の起電力の個数倍となる．例えば，3 個直列にしたときの起電力は 1.5 V × 3 = 4.5 V である．

オームの法則　実験の結果によると，一般に電流が流れている物体の両端の電圧 V とそこを通過する電流 I との間には

$$V = RI \tag{4.2}$$

の比例関係が成り立つ．これを**オームの法則**，また比例定数 R をその物体の**電気抵抗**という．電気抵抗の単位は**オーム** (Ω) で，1 V の電圧に対し 1 A の電流が流れるときを 1 Ω と決めている．例えば，6 V の起電力のバッテリーにある物体をつないだとき，3 A の電流が流れるならば電気抵抗は次のように表される．

$$(6/3)\,\Omega = 2\,\Omega$$

抵抗器と可変抵抗　どんな物体でも電気抵抗をもっているが，特にある特定な電気抵抗をもつように作られた装置を**抵抗器**または単に**抵抗**という．回路図で抵抗を表すには図 **4.3(a)** のようにギザギザの線が使われる．抵抗器の中には，抵抗値を変えられるようにしたものがあり，これを**可変抵抗**という．図 **4.3(b)** で示すように，抵抗の記号に矢印をつけて可変抵抗を表す．回路図で導線は直線で表され，その電気抵抗は 0 とみなされる．したがって，電流が流れているとき，抵抗の両端では電位差が生じるが，導線の中では電位は一定であると考えてよい．

抵抗率　図 **4.4** のように，断面積が S，長さが L の直方体状の物体の両端に電圧をかけたとき，実験によると電気抵抗 R に対して

$$R = \rho \frac{L}{S} \tag{4.3}$$

の関係が成り立つ．この比例定数 ρ を**抵抗率**という．電荷密度と同じ ρ という記号を使うが混乱の起こることはない．抵抗率は物質の種類と温度とに依存する物理量で，その単位は $\Omega \cdot \mathrm{m}$ である．

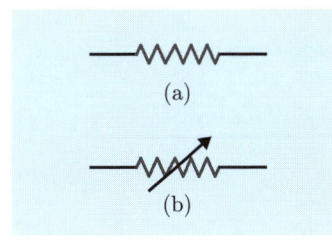

図 4.3　(a)　抵抗
　　　　(b)　可変抵抗

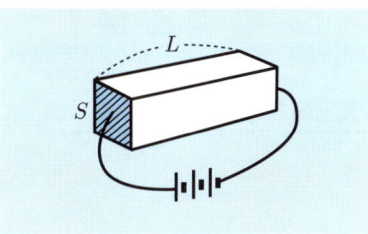

図 4.4　直方体状の物体

例題 3　$0\,°C$ における ρ の値を ρ_0 とすれば，あまり温度範囲が広くない限り，$t\,°C$ での ρ の値は $\rho = \rho_0(1 + \alpha t)$ となる (図 4.5)．この式の α を**温度係数**という．銅の ρ_0 は $1.55 \times 10^{-8}\,\Omega\cdot\text{m}$，$\alpha$ は $4.4 \times 10^{-3}\,\text{K}^{-1}$ であるとして，次の問に答えよ．
(a)　$25\,°C$ における銅の抵抗率を求めよ．
(b)　断面積が $0.5\,\text{mm}^2$，長さ $50\,\text{m}$ の銅線の電気抵抗は $25\,°C$ において何 Ω か．
(c)　この導線を起電力 $2\,\text{V}$ のバッテリーに接続したとき流れる電流は何 A か．

解　(a)　ρ は
$$\rho = 1.55 \times 10^{-8} \times (1 + 4.4 \times 10^{-3} \times 25)\,\Omega\cdot\text{m}$$
$$= 1.72 \times 10^{-8}\,\Omega\cdot\text{m}$$
と計算される．

(b)　$1\,\text{mm}^2 = 10^{-6}\,\text{m}^2$ であるから，銅線の電気抵抗 R は (4.3) により
$$R = 1.72 \times 10^{-8} \times \frac{50}{0.5 \times 10^{-6}}\,\Omega = 1.72\,\Omega$$
で与えられる．

(c)　流れる電流は
$$I = \frac{2}{1.72}\,\text{A} = 1.16\,\text{A}$$
と計算される．

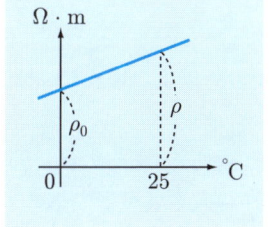

図 4.5　抵抗率と温度

参考　**電気抵抗の原因**　電気抵抗の原因として 2 つの理由がある．一般に，固体はその物質に特有な結晶構造をもつが，結晶の完全性からの破れが電気抵抗の原因となる．もし結晶が完全であれば，その電気抵抗は 0 であることが示される．結晶の完全性の破れをもたらす 1 つの要因は不純物の混入で，不純物効果による電気抵抗は温度と無関係である．

もう 1 つの原因は，結晶を構成する格子点が振動しているためである．この振動を**格子振動**という．格子振動は結晶の完全性を破るので，電気抵抗をもたらす．温度が高いほど振動が激しくなり，そのため電気抵抗が増大する．一般には，不純物効果と格子振動の両方により電気抵抗の値は決まる．

4.3 電流密度

電流密度と電気伝導率　　(4.2), (4.3) (p.38) の両式から

$$\frac{I}{S} = \frac{V}{\rho L} \tag{4.4}$$

が導かれる．上式の左辺は単位面積を流れる電流の大きさである．一般に，電流と同じ向き，方向をもち，流れと垂直な平面内の単位面積当たりの電流の大きさをもつベクトルを導入し（図 **4.6**），これを**電流密度**という．以下，電流密度を j の記号で表す．このような定義を使うと，(4.4) の左辺は電流密度の大きさ j となる．また，抵抗率の逆数を**電気伝導率**という．すなわち，電気伝導率 σ は

$$\sigma = \frac{1}{\rho} \tag{4.5}$$

と定義される．電気伝導率の単位は $\Omega^{-1} \cdot \mathrm{m}^{-1}$ ある．

電場の大きさ　　(4.4) の右辺で V/L は単位長さ当たりの電圧である．これを**電場**（あるいは**電界**）の大きさといい，E と書く．すなわち

$$E = \frac{V}{L} \tag{4.6}$$

とする．以上のような j, E を導入すると，$1/\rho = \sigma$ を使い (4.4) は

$$j = \sigma E \tag{4.7}$$

と表される．あるいは，図 **4.7** のように高電位の A から低電位の B へ向かい (4.6) の大きさをもつベクトル $\boldsymbol{E}$ を導入する．$\boldsymbol{E}$ を**電場ベクトル**あるいは単に**電場**という．(4.7) はベクトル間の関係として

$$\boldsymbol{j} = \sigma \boldsymbol{E} \tag{4.8}$$

のように一般化される．これをオームの法則という場合もある．

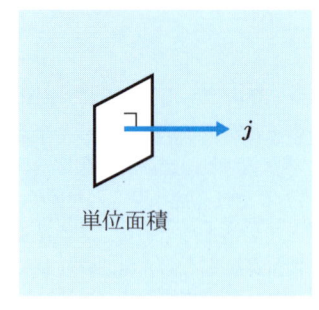

図 **4.6**　電流密度

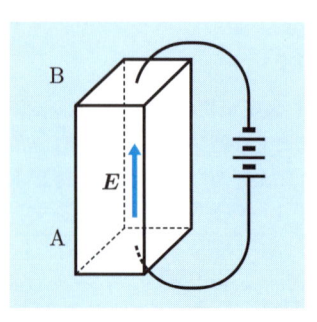

図 **4.7**　電場の向き

> **例題 4** 第 1 章で学んだが，空間中の 1 点に電気量 q をもつ点電荷をおいたとき，その点電荷が受ける力 $\boldsymbol{F}$ は $\boldsymbol{F} = q\boldsymbol{E}$ と表される．図 4.7 で A の電位が B の電位より V だけ高いとして，A から B へ電荷 q を移動させるとき電場による力は qV の仕事をすることを示せ．

[解] 電荷に働く力の大きさは qE で，また力は A → B の向きをもち，移動の向きと同じである．したがって，この場合の仕事 W は力の大きさと移動距離 L の積となり

$$W = qEL$$

と表される．(4.6) により $EL = V$ が成り立つから，上式は $W = qV$ となる．

=== **少年技師の電気学** ===

　父の弟は 5 男で名前を龍五郎といい，著者の名前はこの叔父から一字を拝借したとのことである．父は 4 男で恵四郎といった．叔父は東芝に勤務していたが，そのためか「少年技師の電気学」という本をもっていた．小学校 5 年生の頃，たまたま何かの機会にそれを借り，この本を読みふけった．オームの法則とか，直列，並列などがやさしく説明してあり，この本のおかげで変圧器やモーターの原理も理解できた．この本の姉妹編で「少年技師製作読本」がある．著者の時代では強制疎開や空襲のため戦前の愛読書で手元に現存するものは数冊である．上記の本はそのうちの 1 冊で，昭和 17 年 (1942 年) 7 月 1 日発行となっている．この本には「少年技師の電気学」からの図が引用されている．直流，交流を表示するものを図 4.8，図 4.9 に紹介しよう．4.2 節で電流と水流との類似性について触れたが，これは図 4.8，図 4.9 などに基づいている．いまから思うと，オームの法則は初めてお目にかかった物理法則であるといっても差し支えがない．

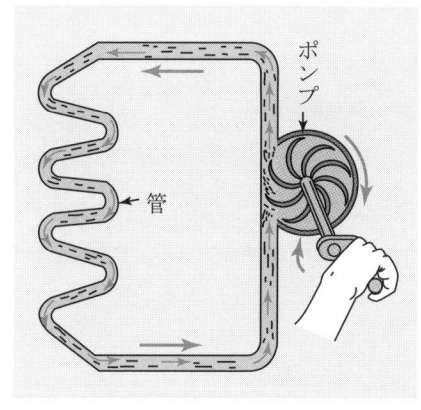

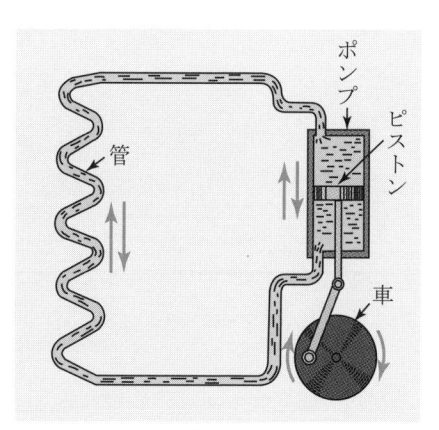

図 4.8　直流　　　　　　　　図 4.9　交流

4.4 電力とジュール熱

電池のする仕事 電荷は正の電気量 q をもつとすれば，電池内では図 4.10 に示すように電場は陽極から陰極へと向かうので電荷 q に働く力は上向きとなる．しかし，電池内では電流は陰極から陽極へ向かって流れるので，その向きは上の力と逆向きである．すなわち，電池は電場による力に逆らい電荷を陰極から陽極へと移動させねばならない．陽極，陰極をともに平面とし，両者間の距離を l とする．電位差を V とすれば，電場の大きさは $E = V/l$ と書け，電荷 q を陰極から陽極へと移動させるのに必要な仕事は $W = qEl = qV$ と表される．単位時間当たりの電気量が電流であるから，電池のする仕事 P は単位時間当たりに VI となり，次式が得られる．

$$P = VI \tag{4.9}$$

電力 一般に，単位時間当たりに電源のする仕事あるいは電源の供給するエネルギーを**電力**という．電力の単位は**ワット** (W) で 1 W は 1 s 当たり 1 J の仕事に相当する．オームの法則 $V = RI$ を適用すると P は次のように書ける．

$$P = RI^2 = \frac{V^2}{R} \tag{4.10}$$

電流の熱作用 電流が流れるとそれに伴い熱が発生する．これを**電流の熱作用**，また発生する熱を**ジュール熱**という．電気抵抗 R の物体に，電圧 V がかかって電流 I が流れるとき，時間 t の間に電源は VIt の仕事を行う．これだけの仕事が熱に変わると考えられるので，ジュール熱 Q は

$$Q = VIt \tag{4.11}$$

で与えられる．あるいは，(4.10) を用いると Q は

$$Q = RI^2 t = \frac{V^2}{R} t \tag{4.12}$$

となる．(4.11), (4.12) で V をボルト，I をアンペア，R をオーム，t を秒で表すと，ジュール熱はエネルギーの国際単位であるジュール (J) で計算される．これに対して，熱量の単位としてよく**カロリー** (cal) が使われる．力学的な仕事 W [J] は Q [cal] の熱量と等価であることが知られていて，両者の間には

$$W = JQ \tag{4.13}$$

の関係が成立する．上式に現れる J を**熱の仕事当量**という．J は

$$J = 4.19 \,\text{J} \cdot \text{cal}^{-1} \tag{4.14}$$

で与えられる．すなわち，1 cal の熱量は 4.19 J の仕事に相当する．

4.4 電力とジュール熱

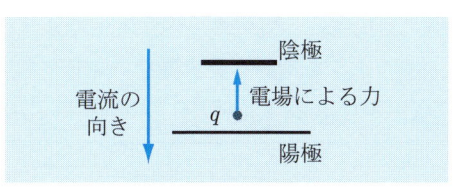

図 4.10 電池内の力

例題 5 6 V の電源を電気抵抗 2Ω の物体につないだとき 5 秒間に発生するジュール熱を求めよ．

解 (4.12) の $Q = V^2 t/R$ に $V=6, R=2, t=5$ を代入し $Q=90\,\mathrm{J}$ と計算される．$1\,\mathrm{J} = (1/4.19)\,\mathrm{cal}$ が成り立つから cal 単位では $Q = (90/4.19)\,\mathrm{cal} = 21.5\,\mathrm{cal}$ となる．

例題 6 500 W の電熱器で水を沸かし 1l の水を 20 °C から 100 °C にするまでに最小限必要な時間を求めよ．

解 家庭用の電気は交流で，正確にいうと各瞬間に発生するジュール熱は時間変化する．この場合の議論は次ページで行うことにし，結論を述べると電力は時間平均をとったものである．その結果として，500 W の電熱器は 1 s 当たり 500 J のエネルギーを発生すると考えてよい．1l の水は 1 kg であるから温度上昇に必要な熱量は

$$1000 \times 80\,\mathrm{cal} = 8 \times 10^3\,\mathrm{cal} = 4.19 \times 8 \times 10^3\,\mathrm{J} = 3.35 \times 10^5\,\mathrm{J}$$

と書ける．電熱器は毎秒当たり 500 J のエネルギーを供給するので，必要時間は

$$\frac{3.35 \times 10^5}{500}\,\mathrm{s} = 670\,\mathrm{s}$$

となり，約 11 分と計算される．実際には，電熱器の出すエネルギーが全部水に加わるわけではないし，また水から熱が外部に逃げる可能性もある．したがって，現実の必要時間は上の理論値より長くなる．

参考 カロリー　カロリーは熱量の単位で通常 1 g の温度を 1 °C だけ高めるのに必要な熱量と定義される．正確には 15 °C の水の温度を 1 °C だけ高めるときの熱量は 1 カロリーである．カロリーの定義にはこのほかいろいろなものがあり，現在の国際単位系では推奨しがたい単位となっている．熱の仕事等量 J は仕事が熱に変わる場合，あるいは熱が仕事に変わる場合，常に一定な値をもち，(4.14) は正確には

$$J = 4.18605\,\mathrm{J \cdot cal^{-1}}$$

と表される．

補足 ジュール熱を利用した電気器具　電熱器，電気コタツ，電気毛布，電気ストーブ，電気ポット，アイロンなどはジュール熱を利用した電気器具である．

交流の電力　家庭で利用される電気の場合，電圧や電流は時間とともに周期的に変化している．このような電圧を**交流電圧**，電流を**交流電流**(または単に**交流**)という．交流電圧 $V(t)$，交流電流 $I(t)$ が時間 t の関数として

$$V(t) = V_0 \cos \omega t, \quad I(t) = I_0 \cos \omega t \tag{4.15}$$

で与えられるとする．ここで，V_0, I_0 は電圧および電流の最大値(**振幅**)である．交流起電力を生じるような装置を**交流電源**といい，これは図 **4.11** のような記号で表される．交流を水流でたとえると図 **4.9** のように書ける．交流の場合，微小時間 Δt の間に電源のする仕事は $V(t)I(t)\Delta t$ と書け，(4.15) により

$$V(t)I(t)\Delta t = V_0 I_0 \cos^2 \omega t \Delta t = Q \Delta t \tag{4.16}$$

と表される．ただし，Q は次式で与えられる．

$$Q = V_0 I_0 \cos^2 \omega t \tag{4.17}$$

Q の時間平均　Q を t の関数として図示すると図 **4.12** の実線のように表される．Q は時間の関数として振動するので，単位時間当たりに発生するジュール熱を求めるのに，1 周期に関する平均をとる．角振動数 ω と周期 T との間には

$$\omega = \frac{2\pi}{T} \tag{4.18}$$

の関係がある．上の時間平均を求めるため，Q の式で cos を sin で置き換えた

$$Q' = V_0 I_0 \sin^2 \omega t \tag{4.19}$$

を導入する．Q' は図 **4.12** の点線のように表され，実線を $T/4$ だけずらせば点線と一致する．一方，$\cos^2 \omega t + \sin^2 \omega t = 1$ となるので $Q + Q' = V_0 I_0$ である．Q と Q' の平均値が等しい点に注意すると Q の時間平均は $\langle Q \rangle = V_0 I_0 / 2$ と書ける．これは単位時間当たりに発生するジュール熱 P に等しいから

$$P = \frac{V_0 I_0}{2} \tag{4.20}$$

が得られる．

実効値　交流の場合，次の

$$V = \frac{V_0}{\sqrt{2}}, \quad I = \frac{I_0}{\sqrt{2}} \tag{4.21}$$

で定義される V, I を**電圧実効値**，**電流実効値**という．このような実効値を導入すると直流に対する (4.9) の関係すなわち $P = VI$ が (4.20) により交流でも成り立つことがわかる．同様に，電圧実効値，電流実効値を使うと (4.10) (p.42) が成立する (例題 7)．こうして，直流の場合の諸関係は電圧，電流を実効値で置き換えれば交流のときにも成り立つ．

4.4 電力とジュール熱

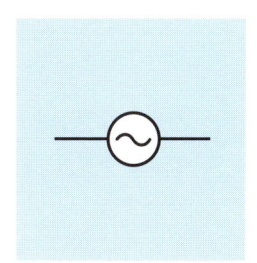

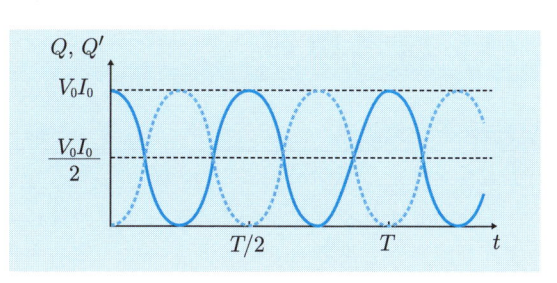

図 4.11 交流電源

図 4.12 Q, Q' と t との関係

例題 7 R が ω に依存しないとして交流の場合にも (4.10) が成り立つことを示せ.

解 交流でも各瞬間でオームの法則が成立するので，$V(t) = RI(t)$ と書ける．R は時間によらない定数とする．微小時間 Δt の間に電源のする仕事は

$$V(t)I(t)\Delta t = RI^2(t)\Delta t$$

と表される．上式は $RI_0^2 \cos^2 \omega t dt$ と書ける．これは (4.17) の Q に対する式で $V_0 I_0$ を RI_0^2 で置き換えた形をもっているので，電流実効値を使うと P は

$$P = R\frac{I_0^2}{2} = RI^2$$

で与えられる．同様に，$V(t)I(t)\Delta t$ は

$$\frac{V^2(t)}{R}\Delta t = \frac{V_0^2}{R}\cos^2 \omega t \Delta t$$

と書け，P は次のように表される．

$$P = \frac{V_0^2}{2R} = \frac{V^2}{R}$$

参考 **交流の周波数** 交流が 1 秒間に振動する回数 f を**周波数**または**振動数**という．図 4.9 (p.41) で示した車の回転数と f は同じであると考えてよい．交流の周期 T との間には $f = 1/T$ の関係が成り立つ．したがって，(4.18) により角振動数 ω と f との間には $\omega = 2\pi f$ の関係がある．ω と f とは 2π だけ因数が異なることに注意しなければいけない．1 秒間に 1 回振動するときを周波数の単位とし，これを 1 ヘルツ (Hz) という．我が国の場合，大ざっぱにいって，富士川を境にその東すなわち関東では 50 Hz，関西では 60 Hz の交流が使用されている．関東と関西の周波数の違いは明治，大正時代に関東ではアメリカ型の 50 Hz，関西ではヨーロッパ型の 60 Hz の発電機を輸入したことに起因する．いまさら全国的に統一には費用がかかり過ぎるので無理であろう．通常の電気器具では関東と関西には大差がない．ただ電気シェーバーで周波数の違いを調整する必要がある．放送関係ではビデオが 1 秒当たり 30 コマで周波数の半分という事情もあり，関東に比べ関西の方が仕事がしやすいという話である．

4.5 直流回路

直流回路と定常電流　いくつかの直流電源と何個かの抵抗が互いに連結しているような体系を**直流回路**という．直流回路の性質を調べるため，1つの前提として回路を流れる電流の向き，大きさは時間によらず一定であるとする．このような電流を**定常電流**という．さらに，体系全体の状態は定常的であると仮定する．

キルヒホッフの第一法則　回路中に任意の分岐点をとり，ここに流れ込む電流を例えば I_1, I_2, I_3, I_4 とする (図 **4.13**)．もし，これらの和が 0 でないと分岐点における電荷が時間変化し，体系が定常的であるという仮定に反する．したがって，これらの和は 0 である．すなわち，任意の分岐点に関して

$$\sum I_k = 0 \tag{4.22}$$

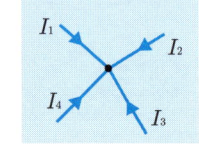

図 **4.13**　分岐点に流れ込む電流

が成り立つ．これを**キルヒホッフの第一法則**という．(4.22) で I_k は符号をもつ点に注意する必要がある．すなわち，図 **4.13** で分岐点に流れ込む向きを正にとるとすれば，流れ出ていく向きは負としなければならない．

キルヒホッフの第二法則　回路中の1つのループを考え，このループを回る適当な向きを決めたとする．ループ中に含まれる電気抵抗を R_k，そこを流れる電流を I_k，ループの向きに電流を流そうとする起電力を V_k とすれば

$$\sum R_k I_k = \sum V_k \tag{4.23}$$

の関係が成り立つ．これを**キルヒホッフの第二法則**という．例えば，図 **4.14** のようなループを考え，正の向き (反時計回りの向き) を選ぶと

$$-R_3 I_1 + R_2 I_2 + R_1 I_2 = V_2 - V_1 \tag{4.24}$$

が導かれる．上式の右辺で V_1 はループの向きと逆向きに電流を流そうとするし，左辺で R_3

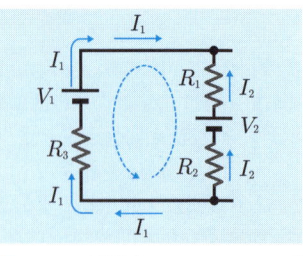

図 **4.14**　回路中の1つのループ

を流れる電流 I_1 はループの向きと逆向きなのでこれらの項には負の符号をつける．直流回路で R_k と V_k が与えられているときキルヒホッフの第一，第二法則を利用し I_k を求めることができる．キルヒホッフの第一，第二法則を合わせ，**キルヒホッフの法則**という．

4.5 直流回路

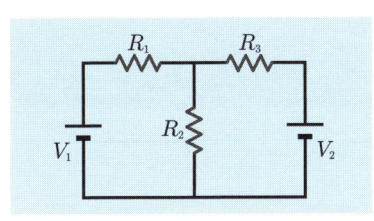

図 4.15 回路図

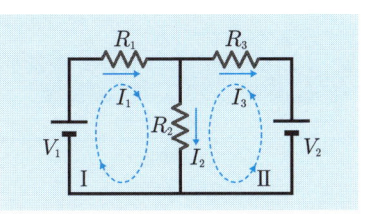

図 4.16 I_1, I_2, I_3 の選び方

例題 8 図 4.15 に示す回路で $V_1 = 30\,\text{V}$, $V_2 = 24\,\text{V}$, $R_1 = R_2 = R_3 = 6\,\Omega$ とし，電池は抵抗がないとする．R_1, R_2, R_3 を流れる電流 I_1, I_2, I_3 を求めよ．

解 図 4.16 のように I_1, I_2, I_3 をとるとキルヒホッフの第一法則により

$$I_1 = I_2 + I_3$$

が得られる．また，図に示したようなループ I, II にキルヒホッフの第二法則を適用すると

$$R_1 I_1 + R_2 I_2 = V_1, \quad R_2 I_2 - R_3 I_3 = V_2$$

が得られる．数値を代入すると

$$I_1 + I_2 = 5, \quad I_2 - I_3 = 4$$

となり，$I_3 = I_1 - I_2$ を上の右式に代入し $2I_2 - I_1 = 4$ が導かれる．これらの方程式から，次の結果が求まる．

$$I_1 = 2\,\text{A}, \quad I_2 = 3\,\text{A}, \quad I_3 = -1\,\text{A}$$

例題 9 図 4.17 は $R_1, R_2, \cdots, R_n$ の抵抗を直列 (a)，あるいは並列 (b) に接続した場合を表す．A, B 間の合成抵抗 R を求めよ．

解 (a) 直列接続の場合，A, B を起電力 V の電池に接続したとし，流れる電流を I とすれば $(R_1 + R_2 + \cdots + R_n)I = V$ となり合成抵抗 R は次式で与えられる．

$$R = R_1 + R_2 + \cdots + R_n$$

(b) 並列接続の場合には，A, B を起電力 V の電池に接続したとし，R_i を通る電流を I_i とすれば $I_i = V/R_i$ と書ける．電池を流れる電流 I は

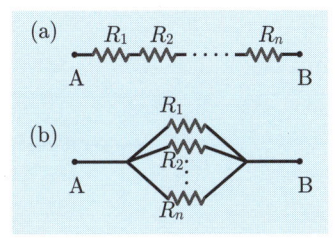

図 4.17 合成抵抗

$$I = \frac{V}{R}, \quad I = I_1 + I_2 + \cdots + I_n = \frac{V}{R_1} + \frac{V}{R_2} + \cdots + \frac{V}{R_n}$$

と表されるので，合成抵抗 R に対して次式が成り立つ．

$$\frac{1}{R} = \frac{1}{R_1} + \frac{1}{R_2} + \cdots + \frac{1}{R_n}$$

演習問題 第4章

1. 導線に 2 A の電流が流れているとき，この導線と垂直な断面を 10 秒間に通過する電子の数を求めよ．
2. 懐中電灯の豆電球の電気抵抗が 5 Ω とする．この豆電球を 3 V の電池につないだとして次の問に答えよ．
    (a) 流れる電流は何 A か．
    (b) このときの電力は何 W か．
3. アルミニウムでは 0 °C における抵抗率は $\rho_0 = 2.50 \times 10^{-8}\,\Omega\cdot\mathrm{m}$，温度係数は $\alpha = 4.2 \times 10^{-3}\,\mathrm{K}^{-1}$ と測定されている．100 °C におけるアルミニウムの抵抗率を求めよ．
4. 電気抵抗 0.5 Ω の物体に 3 A の電流を流したとき，1 分間に発生するジュール熱は何 J か．
5. 交流 100 V で使用する電気アイロンの出力が 1400 W であるとする．その電気抵抗は何 Ω か．
6. 500 W の電熱器が 10 分間に発生するジュール熱は何 J か．またその熱量を全部 5 kg の水に与えたとき水温は何 °C 上昇するか．
7. 同じ電気抵抗 r をもつ 5 本の針金から図 4.18 に示すような図形を作った．AB 間の電気抵抗はいくらになるか．
8. 図 4.19 に示す回路において，電流 I_1, I_2 はそれぞれ何 A となるか．
9. 図 4.20 に示す回路で I_1, I_2 を求めよ．

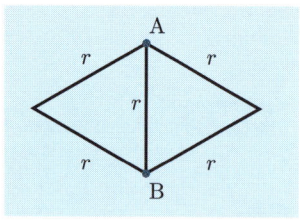

図 4.18 合成抵抗

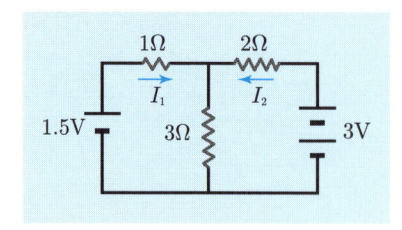

図 4.19 演習問題 8 の図

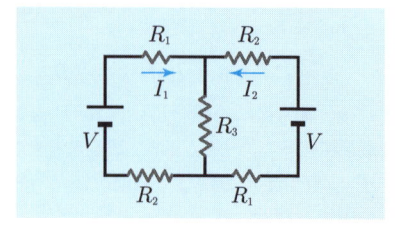

図 4.20 演習問題 9 の図

第5章

静 磁 場

　磁石は物理学として興味ある存在である．読者も磁石を使い鉄を引き付けたりした経験をおもちだろう．磁気と電気とは似ているところも多く，電場に対して磁場という用語を使う．点電荷に対応して点磁荷を導入するが，電気の場合のクーロンの法則が磁気のときにも成り立つ．電気のときには真電荷が存在する．電気と磁気の大きな違いは，磁気の場合，真磁荷に相当するものはなく，正磁荷と負磁荷とはいつもペアになっているという点である．このため，電気双極子に対応する体系を扱うのが現実的である．電束密度に似た量として磁束密度が導入される．真磁荷がないという性質を反映し磁束密度は独特の振舞いを示す．電流とは電荷の流れで，電流があるとその周辺に磁場を発生する．電流と磁場とは密接な関係があり磁場中の電流にはある種の力が働く．モーターはその性質を利用している．また，電流と磁場との間にはアンペールの法則が成り立つ．

本章の内容

5.1　磁石と磁場
5.2　磁気双極子と磁化
5.3　磁性体と磁束密度
5.4　電流と磁場
5.5　アンペールの法則

5.1 磁石と磁場

磁極　棒磁石に鉄粉をふりかけると，鉄粉をよく吸い付ける部分が2箇所ある．これを**磁極**といい，北を指す方をN極，南を指す方をS極という．

磁荷とクーロンの法則　磁極には磁気が存在しN極には正の**磁荷**，S極には負の磁荷があるとする．磁気量 q_m の点磁荷と磁気量 q'_m の点磁荷との間には電気の場合と同様のクーロンの法則が成り立つ．すなわち，真空中で両者の間に働く磁気力 F は，両磁荷間の距離を r としたとき次のように表される．

$$F = \frac{1}{4\pi\mu_0}\frac{q_m q'_m}{r^2} \tag{5.1}$$

力は両磁荷を結ぶ線上にあり，磁荷が同符号のとき斥力，磁荷が異符号のとき引力となる．力 F を N，距離 r を m で表したとき，定数 μ_0 の値が

$$\mu_0 = 4\pi \times 10^{-7}\, \text{N} \cdot \text{A}^{-2} \tag{5.2}$$

となるように定めた磁気量の単位を**ウェーバ** (Wb) という．この単位に関して

$$\text{Wb} = \text{J} \cdot \text{A}^{-1} \tag{5.3}$$

の関係が成り立つ (例題 2)．電気の場合の ε_0 に対応する μ_0 を**真空の透磁率**という．磁石の同極同士は反発し合い，異極同士は引き合う．

磁場　電気の場合と同様，ある点におかれた磁気量 q_m の小さな磁荷の受ける力 $\boldsymbol{F}$ を

$$\boldsymbol{F} = q_m \boldsymbol{H} \tag{5.4}$$

と表したとき，この $\boldsymbol{H}$ をその点における**磁場の強さ**または単に**磁場**という．磁場の大きさの単位は，(5.3) を用いまた $\text{J} = \text{N} \cdot \text{m}$ の関係に注意すると

$$\text{N} \cdot \text{Wb}^{-1} = \text{N} \cdot \text{A} \cdot \text{J}^{-1} = \text{A} \cdot \text{m}^{-1}$$

と書ける．電気力線と同様に磁場の様子は**磁力線**によって記述される．一例として，磁石周辺の外部磁場がないときの磁力線を図 5.1 に示す．

電場と磁場との対応　電気に対するクーロンの法則で $\varepsilon_0 \to \mu_0$，$q \to q_m$ という変換を実行すると磁気に対する同法則が得られる．このため，クーロンの法則から導かれる結論は上述の変換を行い，$\boldsymbol{E} \to \boldsymbol{H}$ とすれば磁場の場合にも成立する．例えば，$\boldsymbol{r}'$ の点に磁荷 q_m があるとき場所 $\boldsymbol{r}$ における $\boldsymbol{H}$ は，(1.8) (p.4) に対して上記の変換を実行し次のように表される．

$$\boldsymbol{H} = \frac{q_m}{4\pi\mu_0}\frac{\boldsymbol{r}-\boldsymbol{r}'}{|\boldsymbol{r}-\boldsymbol{r}'|^3} \tag{5.5}$$

5.1 磁石と磁場

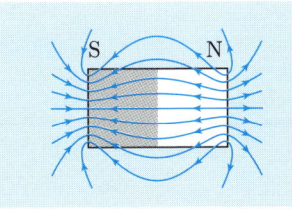

N極は磁力線の湧き出し口，S極はその吸い込み口となっている．

図 5.1 磁石周辺の磁力線

例題 1 質量 10 g の物体に働く重力は 9.81×10^{-2} N である．同じ磁気量をもつ磁荷が 1 cm 離れているとき，両者間の磁気力が上の重力に等しいとする．このときの磁荷は何 Wb か．

解 (5.1) で $q_\mathrm{m}=q_\mathrm{m}'=q$ とし国際単位系を使い $r=0.01$, $F=9.81\times 10^{-2}$ とおくと
$$q^2 = 4\pi\mu_0 \times 9.81 \times 10^{-6} = 9.81 \times (4\pi)^2 \times 10^{-13}$$
となり，これから q は $q = 1.24\times 10^{-5}$ Wb と計算される．

例題 2 (5.1), (5.2) の 2 つの式を利用して $1\,\mathrm{Wb} = 1\,\mathrm{J\cdot A^{-1}}$ の関係が成り立つことを示せ．

解 μ_0 は $[\mathrm{N}]/[\mathrm{A}]^2$ の次元をもつので，(5.1) の両辺の次元を考えると
$$[\mathrm{N}] = \frac{[\mathrm{A}]^2\,[q_\mathrm{m}]^2}{[\mathrm{N}]\,[\mathrm{m}]^2} \quad \therefore \quad [q_\mathrm{m}]^2 = \frac{[\mathrm{N}]^2\,[\mathrm{m}]^2}{[\mathrm{A}]^2}$$
が得られる．これから $\mathrm{N\cdot m = J}$ に注意すると $[q_\mathrm{m}]=[\mathrm{J}]/[\mathrm{A}]$ となる．すなわち，磁荷の単位 Wb は $\mathrm{J\cdot A^{-1}}$ に等しいことがわかる．

[参考] 磁位 電気の場合の電位に相当し，**磁位**を考えることができる．すなわち，磁位を $V_\mathrm{m}(\boldsymbol{r})$ としたとき，$\boldsymbol{r}$ における磁場 $\boldsymbol{H}$ の x 成分は，y,z を固定したとき
$$H_x = -\lim_{\Delta x\to 0}\frac{\Delta V_\mathrm{m}(\boldsymbol{r})}{\Delta x}$$
と表され，同様な式が H_y, H_z に対しても成り立つ．点 $\boldsymbol{r}'$ に磁荷 q_m があるとき点 $\boldsymbol{r}$ における磁位 $V_\mathrm{m}(\boldsymbol{r})$ は (2.4) (p.12) に $\varepsilon\to\mu_0$, $q\to q_\mathrm{m}$ の変換を実行し
$$V_\mathrm{m}(\boldsymbol{r}) = \frac{q_\mathrm{m}}{4\pi\mu_0}\frac{1}{|\boldsymbol{r}-\boldsymbol{r}'|}$$
で与えられる．

[補足] 電流によって生じる磁場 磁場は磁荷だけでなく電流によっても生じる．電流が時間的に変動していると，第 6 章で扱う電磁誘導のような現象が起こるが，電流が時間的に一定な定常電流の場合にも磁場が発生する．一般に電流が作る磁場のときには複雑で，詳細は省略するが磁位が一義的に決まらない．

5.2 磁気双極子と磁化

分極磁荷 磁石をいくら切っても切る度に N 極と S 極とが現れ，その事情は誘電体の分極電荷と似ている．磁気の場合，電気の分極電荷に相当するものを**分極磁荷**という．電気と磁気との基本的な違いは，電気では真電荷が存在するが，磁気では真磁荷が存在しないという点である．磁気の場合，正磁荷と負磁荷とがいつもペアになっているので，電気双極子に対応する体系を扱う方が現実的である．

磁気双極子 わずかに離れた正負 2 つの点磁荷 $\pm q_\mathrm{m}$ を考え，このような一組を**磁気双極子**という．また磁荷間の距離を l とし

$$m = q_\mathrm{m} l \tag{5.6}$$

で定義される m を磁気モーメントの大きさという．電気双極子のときと同様，$-q_\mathrm{m}$ から q_m へ向かい，m の大きさをもつベクトル $\boldsymbol{m}$ を導入し，これを**磁気モーメント**という．磁気モーメントの作る磁位 (したがって磁場) は電気双極子の $\boldsymbol{p}$ を $\boldsymbol{m}$ で置き換え，$\varepsilon_0 \to \mu_0$ とすれば求まる．例えば，原点に磁気双極子があるとき，点 $\boldsymbol{r}$ での磁位は (3.3) (p.24) により次のように書ける．

$$V_\mathrm{m} = \frac{\boldsymbol{m} \cdot \boldsymbol{r}}{4\pi\mu_0 r^3} \tag{5.7}$$

磁化 電気のときと同じように，i 番目の磁気モーメントを $\boldsymbol{m}_i$ としたとき，(3.4) (p.26) と同様

$$\boldsymbol{M}(\boldsymbol{r})\Delta V = \sum_i \boldsymbol{m}_i \tag{5.8}$$

とおき $\boldsymbol{M}(\boldsymbol{r})$ を定義する．このようにして定義された $\boldsymbol{M}$ を**磁化**または**磁気分極**という．これは電気分極 $\boldsymbol{P}$ に対応する量である．電気のときと同じように，(5.8) で形式的に $\Delta V = 1$ とおけば

$$\boldsymbol{M} = \sum_{(\text{単位体積中})} \boldsymbol{m}_i \tag{5.9}$$

となる．磁気モーメントの大きさの単位は (5.6) の定義からわかるように Wb·m である．M はこれを単位体積当たりに換算するので m^3 で割り，M の単位は

$$\mathrm{Wb \cdot m^{-2}} \tag{5.10}$$

と書ける．場合によっては，ここでいう $\boldsymbol{M}$ を μ_0 で割り，$\boldsymbol{M}/\mu_0$ をもって磁化と定義することもある．この点については，右ページの補足を参考とせよ．

5.2 磁気双極子と磁化

例題 3 原点におかれた磁気モーメント $\bm{m}$ が点 $\bm{r}$ に作る磁場 $\bm{H}(\bm{r})$ を求めよ．特に，$\bm{m}$ が z 軸に沿う場合すなわち $\bm{m} = (0, 0, m)$ のとき $\bm{H}$ はどのように表されるか．

解 第 3 章の演習問題 2 (p.34) で $\varepsilon_0 \to \mu_0$, $\bm{p} \to \bm{m}$ の変換を行うと，$\bm{H}(\bm{r})$ は

$$\bm{H}(\bm{r}) = \frac{1}{4\pi\mu_0 r^3}\left[\frac{3\bm{r}(\bm{m}\cdot\bm{r})}{r^2} - \bm{m}\right]$$

と表される．$\bm{m}$ が $\bm{m} = (0, 0, m)$ のときには $\bm{m}\cdot\bm{r} = mz$ であるから，上式の x, y, z 成分をとり，$\bm{H}$ は

$$\bm{H} = \frac{1}{4\pi\mu_0 r^3}\left(\frac{3xmz}{r^2}, \frac{3ymz}{r^2}, \frac{3zmz}{r^2} - m\right) = \frac{m}{4\pi\mu_0 r^3}\left(\frac{3xz}{r^2}, \frac{3yz}{r^2}, \frac{3z^2}{r^2} - 1\right)$$

と計算される．

例題 4 図 5.2 に示すような断面が半径 a の円，長さ l の細長い円筒状の棒磁石がある．この磁石は軸方向に一様な磁化 M をもつとして，次の問に答えよ．

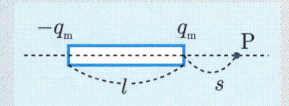

図 5.2 棒磁石

(a) 棒の両端の磁荷 q_m はどのように表されるか．
(b) 棒磁石を 1 つの磁気双極子とみなし，その磁気モーメント m を求めよ．
(c) 磁石の軸上，端から距離 s だけ離れた点 P (図 5.2) における磁場を求めよ．

解 (a) 磁石内で M が一定の場合，分極によって生じる磁荷密度は 0 であることが示される．また，磁性体の内部から外部へ向かう法線方向の M の成分を M_n とすれば，分極磁荷の面密度は M_n に等しい．M は図 5.2 で右向きに生じ，$q_\mathrm{m}, -q_\mathrm{m}$ における磁荷の面密度はそれぞれ $M, -M$ となり，次式が得られる．

$$q_\mathrm{m} = \pi a^2 M$$

(b) 磁石全体の磁気モーメント m は (a) で求めた q_m と l の積である．すなわち

$$m = \pi a^2 l M$$

と書ける．M は単位体積当たりのモーメント，棒磁石の体積は $\pi a^2 l$ であるから，上の結果は M の定義と一致することがわかる．

(c) $\pm q_\mathrm{m}$ の磁荷からの寄与を考慮し，点 P における磁場 H は (5.5) (p.50) より

$$H = \frac{a^2 M}{4\mu_0}\left(\frac{1}{s^2} - \frac{1}{(l+s)^2}\right)$$

と計算される．

補足 磁化の定義 磁化を考えるとき，左ページで定義されたものか，それとも μ_0 で割ったものか，見極めることが必要である．

5.3 磁性体と磁束密度

磁性体　磁気の性質をもつ物質を**磁性体**という．大部分の物質では外部から磁場を作用させないと磁化は 0 で，磁場が十分小さいとき M は H に比例する．この関係を

$$M = \chi_\mathrm{m} \mu_0 H \tag{5.11}$$

と書き，χ_m をその物質の**磁化率**あるいは**磁気感受率**という．電気の場合，χ_m に対応する χ_e は必ず正であったが，χ_m は正になったり負になったりする．$\chi_\mathrm{m} > 0$ の物質を**常磁性体**，$\chi_\mathrm{m} < 0$ の物質を**反磁性体**という．例えば，硫酸銅は常磁性体，ビスマスは反磁性体である．外部から磁場をかけなくても，磁化が自然に発生しているような物質を**強磁性体**，その磁化を**自発磁化**という．鉄，コバルト，ニッケルは典型的な強磁性体である．強磁性体は強誘電体に対応する物質である．強磁性体の場合，H と M との関係は (5.11) のように単純ではなく，同じ H に対する M はどのように磁場を加えたかという履歴に依存する．このような現象を**ヒステリシス**という (右ページの参考)．

磁束密度　電束密度 D に対して，磁気の場合には

$$B = \mu_0 H + M \tag{5.12}$$

の B を導入し，これを**磁束密度**という．μ_0 の次元は $\mathrm{N \cdot A^{-2}}$ と書け，H の次元は $\mathrm{A \cdot m^{-1}}$ であるから，$\mu_0 H$ の次元は $\mathrm{N \cdot A^{-1} \cdot m^{-1}}$ となる．このため，B の単位は $\mathrm{N \cdot A^{-1} \cdot m^{-1}}$ でこれを**テスラ** (T) という．しかし，これは大きすぎるので，その 1 万分の 1 である次のような**ガウス** (G) が使われる．

$$1\,\mathrm{G} = 10^{-4}\,\mathrm{T} \tag{5.13}$$

(5.12) からわかるように，B の単位は M の単位に等しい．後者は $\mathrm{Wb \cdot m^{-2}}$ であるから，これまでの結果をまとめると単位の間の関係として次式が成り立つ．

$$\mathrm{T} = \frac{\mathrm{N}}{\mathrm{A \cdot m}} = \frac{\mathrm{J}}{\mathrm{A \cdot m^2}} = \frac{\mathrm{Wb}}{\mathrm{m^2}} \tag{5.14}$$

透磁率　M が H に比例する物質では (5.11) を (5.12) に代入し

$$B = \mu H, \quad \mu = \mu_0 (1 + \chi_\mathrm{m}) \tag{5.15}$$

が得られる．この μ をその物質の**透磁率**，また

$$k_\mathrm{m} = \mu/\mu_0 = 1 + \chi_\mathrm{m} \tag{5.16}$$

の k_m を**比透磁率**という．空気の透磁率は真空中の値とほぼ同じであると考えてよい．すなわち，空気の比透磁率はほぼ 1 である．

5.3 磁性体と磁束密度

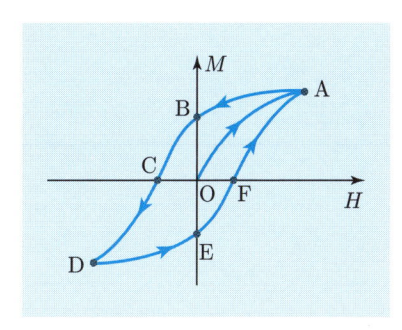

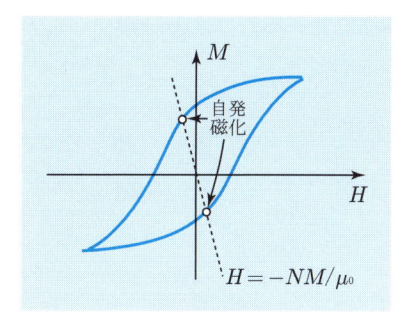

図 5.3 ヒステリシス曲線

図 5.4 自発磁化の求め方

[参考] ヒステリシス 強磁性体の場合，H と M との関係は (5.11) のように単純ではなく，同じ H に対する M はどのように磁場を加えたかという履歴に依存する．この種の現象を**ヒステリシス**という．あるいは，一般に，ある量の大きさが変化の経路によって異なる現象を**履歴現象**という．$M = 0$ の強磁性体に磁場をかけると，図 5.3 の曲線 OA のように変化し，A で磁化は飽和に達し，それ以上 H を大きくしても M は一定になる．それから H を減らすと，M は AB のような経過をたどり，逆向きの磁場の大きさをさらに増やしていくと，D で逆向きの飽和に達する．D から磁場を大きくしていくと M は D → E → F → A と変化する．このような曲線を**ヒステリシス曲線**という．

[補足] 反磁場 図 5.1 (p.51) は外部磁場がないときの永久磁石内外の磁力線の概略を示す．N 極は磁力線の湧き出し口，S 極はその吸い込み口である．この図から磁石の内部では $\boldsymbol{H}$ が $\boldsymbol{M}$ と逆向きになり，$\boldsymbol{M}$ を打ち消す向きに働くことがわかる．この磁場を**反磁場**という．図 5.3 の横軸の H は，外部磁場とこの反磁場の和である．$\boldsymbol{M}$ の方向に z 軸をとり，反磁場の z 成分 H_z を

$$H_z = -NM/\mu_0$$

と書き，比例定数 N を**反磁場係数**という．この係数は一般に磁石の形状に依存する．例えば，z 方向に十分長い棒磁石では，両端の近傍を除き $N = 0$ としてよい．

例題 5 ヒステリシス曲線と反磁場係数が与えられているとき，自発磁化を求める方法を考えよ．

解 外部磁場を 0 にしたとき強磁性体のもつ磁化が自発磁化である．外部磁場が 0 でも，内部では反磁場が生じるので，ヒステリシス曲線の横軸は反磁場を表すことになる．反磁場と M との関係は図 5.4 のように表され，一方，両者の関係はヒステリシス曲線で記述される．したがって，反磁場と M との関係を表す直線 (図 5.4 では点線) とヒステリシス曲線の交点として自発磁化が決まる．交点が 2 箇所現れるが，自発磁化の絶対値は同じである．

磁場に対するガウスの法則　電場に対するガウスの法則は，クーロンの法則から導かれる．すなわち，p.50 で述べた電場と磁場との対応を使うと $\varepsilon_0 \to \mu_0$, $q \to q_\mathrm{m}$ となる．この変換を実行すると磁場に対するクーロンの法則が得られる．例えば，領域 V 中に点磁荷 q_m が含まれているとき，V の表面を S とすれば (1.11) (p.6) を磁場に拡張し

$$\mu_0 \lim_{\Delta S \to 0} \sum_\mathrm{S} H_n \Delta S = q_\mathrm{m} \tag{5.17}$$

が得られる (図 5.5)．左辺の量は面積積分として p.7 のように書ける．点磁荷が V の外部にあるとき，(5.17) の右辺は 0 となる．(5.17) を多数の点磁荷が存在する場合に一般化すると，第 1 章の演習問題 5 (p.10) と同様

$$\mu_0 \lim_{\Delta S \to 0} \sum_\mathrm{S} H_n \Delta S = Q_\mathrm{m} \tag{5.18}$$

となる．ただし，Q_m は領域 V に含まれる全磁荷である．

磁性体への拡張　磁性体は磁気双極子の集合として記述される．すなわち，真空中に磁気双極子が浮かんでいるのが磁性体の姿である．この場合，(5.18) の右辺は自由磁荷で，磁気では真磁荷に相当するものがないので，自由磁荷は分極磁荷と一致する．通常は p.54 で論じた磁束密度を導入し，分極磁荷を磁化からの寄与として表す．その結果，(5.18) は

$$\lim_{\Delta S \to 0} \sum_\mathrm{S} B_n \Delta S = 0 \tag{5.19}$$

となる．右辺が 0 であるのは真磁荷が存在しないことに対応する．(5.19) の右辺が 0 であることは電気の場合を考えた方が理解しやすいかもしれない．これについては右ページに論じる．磁力線に対応し，磁束密度の様子を記述する線を**磁束線**という．磁力線と違い磁束線の場合には，湧き出し口も吸い込み口も存在しない．磁性体のない $\boldsymbol{M} = \boldsymbol{0}$ の場所では $\boldsymbol{B} = \mu_0 \boldsymbol{H}$ であるが，例えば永久磁石の場合，磁束線は磁石の周辺で図 5.6 のようになっている．

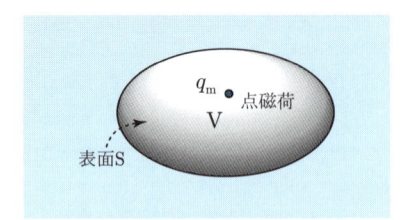

図 5.5　点磁荷に対するガウスの法則

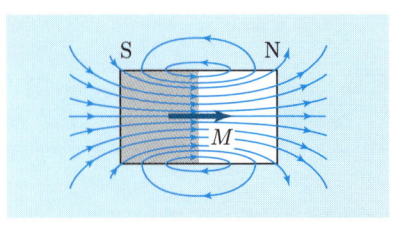

図 5.6　磁石周辺の磁束線

5.3 磁性体と磁束密度

=== 電場，磁場に対するガウスの法則 ===

このコラム欄は p.29 の続きで，p.29 で述べた結論を使いこれまで議論したガウスの法則の確認を目的としている．p.29 の結論を再録すると誘電体の分極電荷は $\sigma' = P_n$，$\rho' = -\mathrm{div}\,\boldsymbol{P}$ で与えられる．磁気の場合には電荷 → 磁荷，$\boldsymbol{P} \to \boldsymbol{M}$ という変換を行えばよい．ガウスの定理により

$$\int_S \sigma' dS + \int_V \rho dV = \int_S P_n dS - \int_V \mathrm{div}\,\boldsymbol{P}\, dV = 0$$

が成り立つ．

暫くは電気の場合を扱うことにし，図 5.7 のように曲面 S は電気双極子を切ることはない点に注目する．1 つの電気双極子の電荷は ± で打ち消し合うから S 内の全電荷量は 0 である．この電荷は見かけ上，S に生じる分極電荷と V 内の分極電荷として記述されるので両者の和は 0 となる．誘電体と真電荷が混在する体系を考え，図 5.8(a) の破線で示す曲面 S の内部に真電荷と誘電体の一部があるとする．S 中の誘電体の領域を V'，

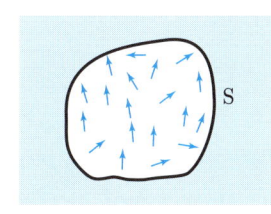

図 5.7　電気双極子の集まり

その表面を S' とし，さらに (b) のように，S の内，誘電体に含まれる部分を S'' と記す．上述のように V' 中には電荷がないから

$$\int_{V'} \rho' dV + \int_{S'} \sigma' dS + \int_{S''} P_n dS = 0$$

となる．ここで $\boldsymbol{n}$ は図の矢印のように表される．一方，曲面 S に真空に対するガウスの法則を適用すると

$$\varepsilon_0 \int_S E_n dS = (\text{S の中の全電荷量})$$

が成り立つ．この式の右辺は

$$(\text{S の中にある真電荷の和}) + \int_{V'} \rho' dV + \int_{S'} \sigma' dS$$

と書け，結局

$$\varepsilon_0 \int_S E_n dS + \int_{S''} P_n dS = \int_S D_n dS = (\text{S の中にある真電荷の和})$$

が導かれる．磁性体の場合，真電荷に相当するものがないので右辺は 0，また真ん中の式で $D \to B$ と変換すればよい．

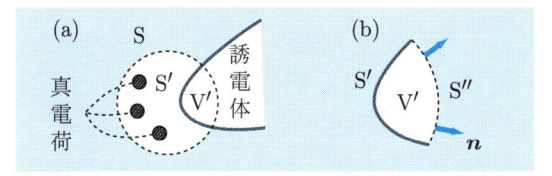

図 5.8　誘電体があるときのガウスの法則

5.4 電流と磁場

電流が磁場から受ける力　磁場中の導線に電流 I を流すと，導線は電流と磁場の両方に垂直な力を受ける．導線上で長さ Δs をもち電流と同じ向きのベクトルを Δs とする (図 5.9)．実験によると，そこでの磁束密度を B とすれば，この微小部分の受ける力 F はベクトル積 (例題 6) を用い

$$F = I(\Delta s \times B) \tag{5.20}$$

と表される．図のように Δs と B との角を θ とすれば，F の大きさ F は

$$F = IB\sin\theta \Delta s \tag{5.21}$$

と書ける．特に図 5.10 のように，磁場が x 方向，電流が z 方向に流れるとき，導線に働く力は y 方向を向く．モーターはこのような力を利用した装置である．図 5.10 では，Δs と B とが垂直であるから

$$F = IB\Delta s \tag{5.22}$$

となる．上式から 1 A の電流の流れる 1 m の導線が 1 T の磁束密度から受ける力が 1 N であることがわかる．

ローレンツ力　一般に電荷 q の粒子が磁束密度 B 中を速度 v で運動するとき，これに働く力 F は $F = q(v \times B)$ となる．電場 E と磁場 (磁束密度 B) が共存する場合には，荷電粒子の受ける力は

$$F = q[E + (v \times B)] \tag{5.23}$$

で与えられる．この力を**ローレンツ力**という．

電流の作る磁場　電流 I が流れているとき，導線上の場所 r' にある微小部分 Δs が場所 r の点 P に作る磁場 ΔH は

$$\Delta H = \frac{I}{4\pi} \frac{\Delta s \times (r - r')}{|r - r'|^3} \tag{5.24}$$

と表される．これを**ビオ-サバールの法則**という．

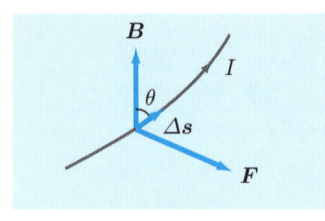

図 5.9　電流が磁場から受ける力

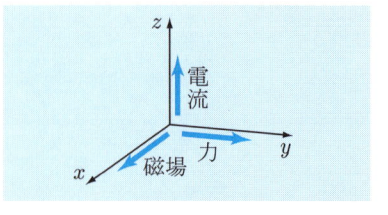

図 5.10　電流と磁場が直角な場合

5.4 電流と磁場

例題 6 2つのベクトル $\boldsymbol{A}$ と $\boldsymbol{B}$ とがあるとき $\boldsymbol{C} = \boldsymbol{A} \times \boldsymbol{B}$ という記号を導入し, $\boldsymbol{C}$ の x, y, z 成分は

$$C_x = A_y B_z - A_z B_y, \quad C_y = A_z B_x - A_x B_z, \quad C_z = A_x B_y - A_y B_x$$

で与えられるとする. $\boldsymbol{C}$ を $\boldsymbol{A}$ と $\boldsymbol{B}$ の**ベクトル積**という. 上式は $(x,y,z) \to (y,z,x) \to (z,x,y)$ というふうに循環させながら変換を行うと覚えやすい. ベクトル積に関する以下の設問に答えよ.

(a) 一般に $\boldsymbol{B} \times \boldsymbol{A} = -\boldsymbol{A} \times \boldsymbol{B}$ であること, 特に $\boldsymbol{B} = \boldsymbol{A}$ とおけば $\boldsymbol{A} \times \boldsymbol{A} = \boldsymbol{0}$ であることを示せ.

(b) 図 5.11 に示すように, $\boldsymbol{A}$ と $\boldsymbol{B}$ とを含む平面を xy 面に選び, ベクトル $\boldsymbol{A}$ が x 軸を向くようにする. このような座標系で $\boldsymbol{C}$ がどう表されるかについて論じよ.

解 (a) $\boldsymbol{A}$ と $\boldsymbol{B}$ とを入れ替えると $\boldsymbol{C}$ の各成分の符号が逆転し, $\boldsymbol{B} \times \boldsymbol{A} = -\boldsymbol{A} \times \boldsymbol{B}$ が成り立つ. これから

$$2\boldsymbol{A} \times \boldsymbol{A} = \boldsymbol{0}$$

となり題意が示される.

(b) $\boldsymbol{A}$ と $\boldsymbol{B}$ とのなす角を図のように θ とする. ただし, $0 \leq |\theta| \leq \pi$ とする. このような座標系をとると

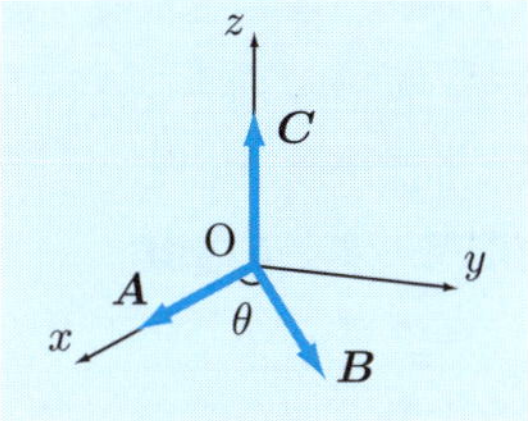

$$\boldsymbol{A} = (A, 0, 0), \quad \boldsymbol{B} = (B\cos\theta, B\sin\theta, 0)$$

図 5.11 ベクトル積

と書け, ベクトル積の定義を用いると

$$C_x = 0, \quad C_y = 0, \quad C_z = A_x B_y = AB\sin\theta$$

となる. ベクトル $\boldsymbol{C}$ は z 方向, すなわち $\boldsymbol{A}$ と $\boldsymbol{B}$ の両方に垂直な方向をもち, C_z は $AB\sin\theta$ に等しい. $0 \leq \theta \leq \pi$ では C_z は z 軸の正の向きを向くが, $0 \geq \theta \geq -\pi$ では C_z は z 軸の負の向きを向く. すなわち, $\boldsymbol{A} \times \boldsymbol{B}$ は $\boldsymbol{A}$ から $\boldsymbol{B}$ へと π より小さい角で右ねじを回すときそのねじの進む向きをもつ.

参考 **ベクトルの積** 2つのベクトル $\boldsymbol{A}, \boldsymbol{B}$ を想定し, これらの成分はそれぞれ A_x, A_y, A_z と B_x, B_y, B_z としよう. 成分の積には $A_x B_x, A_x B_y, \cdots$ といった 9 個の量が実現する. これらを適当に選ぶと, スカラー, ベクトルの性質をもつものが存在し, これが例題 6 で述べたベクトル積である. なお, スカラーの性質をもつものは $A_x B_x + A_y B_y + A_z B_z$ と表されスカラー積と呼ばれる (p.6). 一般にベクトルの成分は座標変換によって違う. 原点 O を共通にして座標系を回転するときスカラーは変化しないがベクトルの成分は適当な変換をうける. ベクトル積は同じ変換をうけることが知られている. しかし, $x \to -x, y \to -y, z \to -z$ という空間反転に対して $\boldsymbol{A} \to -\boldsymbol{A}, \boldsymbol{B} \to -\boldsymbol{B}$ で, その結果, $\boldsymbol{A} \times \boldsymbol{B} \to \boldsymbol{A} \times \boldsymbol{B}$ となる. よって, ベクトル積はベクトルの変換則に従わない. このためベクトル積は**擬ベクトル**と呼ばれる.

直流モーターの原理　直流モーターでは，図 5.12 に示すように，コイルが磁石の間にあり，このコイルが整流子とブラシを通じて外部の直流電源に接続されている．コイルに電流が流れると，コイルは磁場から図のような力 F を受けて回転を始める．コイルが 180°回転すると，全体の状態は図 5.12 とまったく同じとなり，コイルは同じ方向の回転を続ける．これが直流モーターの原理である．このようなモーターは電池やバッテリーで動くので，玩具，ビデオカメラ，ワープロなどの動力源として使われる．

電磁石　図 5.12 の電源が交流電源だと，力 F は電流の向きの変化に伴い，上を向いたり下を向いたりして，全体の装置はモーターとしての機能をもたない．交流の場合にモーターを実現させるには電流の向きの変化に伴い，磁石の NS を逆転させる必要がある．**電磁石**とは軟鉄芯のまわりに絶縁銅線を巻いたもので，そのコイルに電流を流している間だけ軟鉄が磁化し磁石となる．この場合，電流の向きに右ネジを回したときネジの進む向きに磁場が発生する．詳しい話は 5.5 節で述べる．

交流モーターの原理　電磁石を利用し，電圧が逆向きになっても同じ向きの力が発生するように工夫したのが交流モーターである．図 5.13 のような装置の場合，鉄芯の左端が N 極，右端が S 極となる．交流電源のとき電流の向きが逆になると，S, N が逆転し左端が S 極，右端が N 極となる．コイルに働く力は電圧が逆転しても同じ向きをもち，図 5.13 の装置は交流モーターとしての機能をもつ．実際には，回転する部分も電磁石でこれらは多極になっている．電気ドリル，電気掃除機，電気洗濯機，ミキサーなど家庭用の電気器具で交流モーターを利用するものが多い．

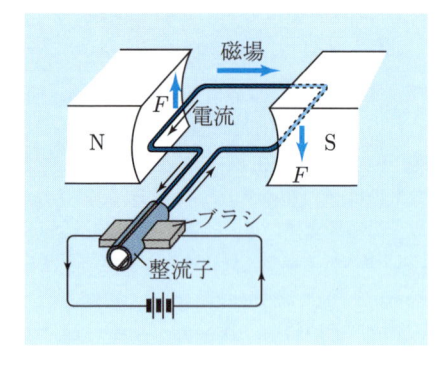

図 5.12　直流モーター

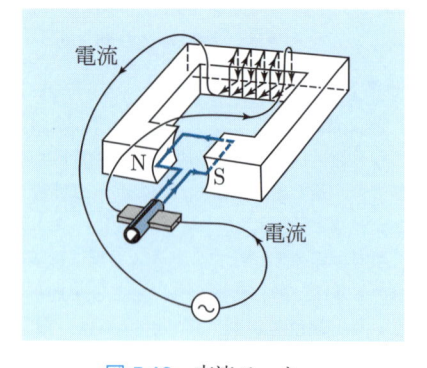

図 5.13　交流モーター

5.4 電流と磁場

例題 7 10 ガウスの磁束密度と 30° の角をなす導線に 4 A の電流が流れている．この導線 2 cm 当たりに働く力の大きさは何 N か．

解 (5.21) (p.58) に $I = 4\,\text{A}$, $B = 10 \times 10^{-4}\,\text{T}$, $\sin\theta = 1/2$, $\Delta s = 2 \times 10^{-2}\,\text{m}$ を代入し

$$F = 4 \times 10 \times 10^{-4} \times \frac{1}{2} \times 2 \times 10^{-2}\,\text{N} = 4 \times 10^{-5}\,\text{N}$$

と計算される．

──────── **モーターの応用** ────────

やや面倒なコラム欄が続いたので，ここでは本来の姿に立ち戻り肩のこらないコラム欄にしたい．身のまわりを見渡すとモーターを利用した電気器具が生活に溶け込んでいることに気がつく．現に著者は 10 数年来愛用しているワープロを使って作文しているが，原稿を印刷するときモーターが活躍する．すぐ後には 1 年位前に買ったパソコンがおいてあり，普段はともかく，印刷の際にはモーターのお世話になる．部屋の一角にはガス暖房機があるが，温風を吹き出すのにモーターが使われている．部屋に 2 台時計があり，これらのエネルギー源は単 3 の電池である．

著者が実際モーターに触れたのは小学校 6 年のことだ．小学 5 年の 12 月 8 日に太平洋戦争が始まり，鉄や銅は軍需品ということでなかなか入手できなかった．そんな中で科学教材社というところから，モーターやブザーの原理がわかるという教育用のキットが売り出された．これを買ってもらい，また母は知り合いの電気屋から本格的な 1.5 V の乾電池を入手してくれた．このモーターは図 **5.12** の原理をそのまま利用したもので，ゆっくり回転した．

この頃，家庭用にモーターを利用した器具は皆無であったと記憶している．もちろん，電気はその頃でも日常生活に利用されていたが，電灯，ラジオ，アイロンなどが主要な使途で，電熱器，扇風機などは贅沢品とみなされていた．昭和 30 年代の前半，あるデパートでエアコンの発生する冷気にあたり，一生このような冷たい空気は経験できないだろうなと感じたものだ．昭和 36 年に赴任した物性研の居室にルームクーラーを入れてもらった．昭和 41 年に移籍した東大の教養学部でもルームクーラーを設備したが，この頃からエアコンは通常の家庭にも設置されるようになった．一生経験できないだろうと思っていた冷気が現実のものになったのである．

幼少時代，蓄音機のエネルギー源はゼンマイであった．電気を利用しモーターを使ってレコードを回転する装置もあったが贅沢品でほんの一握りの人達の所有物であった．今日ではレコードは影を潜め，CD や DVD の時代となっている．昭和 34 年に渡米するとき 8 mm ムービーのカメラを持参したが，動力源はゼンマイであった．中学校の頃作った模型自動車の動力源はゴムだった．30 年位前，プラモデルの自動車の動力源が直流モーターであることを知り驚いたことがある．モーターは今後も各方面で利用されるに違いない．

5.5 アンペールの法則

電流の作る磁場　図 5.14(a) に示したようなコイルに電流を流すと，電流の向きに右ネジを回したとき，同図 (b) のようにネジの進む向きに磁場が発生する．したがって，コイルの中に軟鉄の鉄心を挿入すれば磁場によって軟鉄は磁化され電磁石として振る舞う．

無限に長い電流の場合　図 5.15 に示すように，無限に長い直線に I の電流が流れているとする．上下方向の対称性により磁場は導線と垂直な面内に生ずる．また，直線のまわりの軸対称性を使えば，図のように直線と平面の交点を O としたとき，O を中心とする円上で磁場の大きさ H は一定となる．ビオ-サバールの法則を使うと点 P における磁場が計算できる．その結果，磁場は円の接線方向を向き，円の半径を r とすると

$$H = \frac{I}{2\pi r} \tag{5.25}$$

となる (結果の導出には積分計算が必要なので詳細は省略する)．電流の向きに右ネジが進むとき，ネジを回す向きに磁場が発生することに注意しておこう．

アンペールの法則　回る向きの決まった閉曲線 C があり，C を縁とする曲面を S とする (図 5.16)．回る向きに右ネジを回したとき S の裏から表へネジが進むとして S の表裏を定義する．C 上の微小変位のベクトルを Δs とし，電流 I が S の裏から表へ貫通するか **(a)**，表から裏へ貫通するか **(b)**，まったく貫通しないか **(c)** に従い

$$\lim_{\Delta s \to 0} \sum_C \boldsymbol{H} \cdot \Delta \boldsymbol{s} = \begin{cases} I & (5.26a) \\ -I & (5.26b) \\ 0 & (5.26c) \end{cases}$$

が成り立つ．これを**アンペールの法則**という．ここで左辺の $\sum$ は，C を多数の微小部分に分割したとき，このような分割に関する和を意味する．

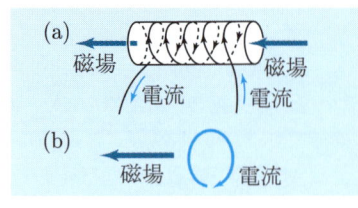

図 5.14　電流の作る磁場

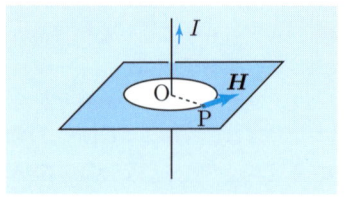

図 5.15　直線電流の作る磁場

5.5 アンペールの法則

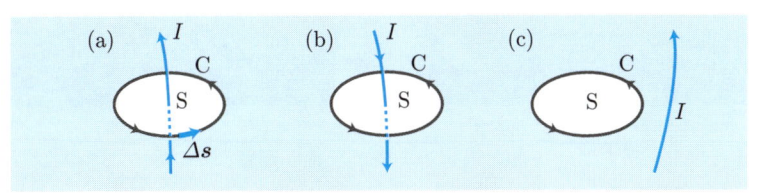

図 5.16 アンペールの法則

> **例題 8** アンペールの法則を利用して (5.25) を導け．

解 閉曲線 C として，図 5.15 に示した半径 r の円をとると，ビオ-サバールの法則により磁場 $\boldsymbol{H}$ は円の接線方向に生じる．また，軸対称性によりこの円上で磁場の大きさ H は一定となる．$\boldsymbol{H}\cdot\Delta\boldsymbol{s}=H\Delta s$ と書け，s に関する和は円周の長さ $2\pi r$ をもたらす．その結果，アンペールの法則により $2\pi rH=I$ が得られ，$H=I/2\pi r$ となり (5.25) と同じ結果が求まる．電流の向きに右ネジが進むようにしたとき，ネジを回す向きに磁場が発生することに注意しておこう．

> **例題 9** I_1, I_2 の電流が流れている平行な直線があり，両者間の距離を r とする(図5.17)．電流の向きが同じなら平行電流の間には引力が働き，その力は単位長さ当たり次式のように書けることを示せ．また，電流の向きが逆向きの場合にはどうなるか．
> $$F = -\frac{\mu_0 I_1 I_2}{2\pi r}$$

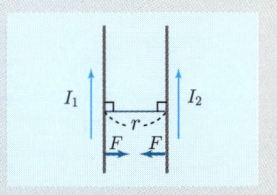

図 5.17 平行な直線電流

解 電流 I_1 が距離 r のところに作る磁束密度 B_1 は，(5.25) に μ_0 を掛け $B_1=\mu_0 I/2\pi r$ と表される．その向きは図 5.18 のように書ける．この図で ⊙ の記号は電流が紙面に垂直で紙面の裏から表への向きに流れていることを示す．磁束密度中に電流 I_2 があるので，I_1, I_2 が同じ向きのとき電流に働く力は図のように左向きとなり，平行電流間に引力が働く．この力は (5.22) (p.58) により題意のようになる．電流が逆向きのときは力の絶対値は変わらず斥力となる．

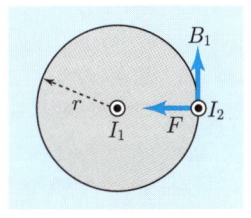

図 5.18 電流間の力

参考 **アンペアの定義** 上式の $-$ 符号は I_1 と I_2 が同じ向きのときに引力，反対向きのときには力は斥力であることを意味する．国際単位系では上式の力を用いて電流の単位アンペアを定義する．すなわち，$1\,\mathrm{m}$ 離れた同じ大きさの平行電流間に $\mu_0/2\pi=2\times10^{-7}\,\mathrm{N}$ の力が働くとき，その電流の大きさを $1\,\mathrm{A}$ と定義している．

演習問題 第5章

1. 磁石の北を指す極を N 極，南を指す極を S 極と定義している．地球の北極は磁石として何極か．

2. 同じ 1 Wb の磁気量をもつ 2 つの磁荷が 1 m 離れておかれているとき，両者間に働く磁力は何 N か．

3. 原点 O に m の大きさをもつ磁気モーメントが z 軸に沿っておかれている（図 5.19）．磁束密度 B は z 軸に沿って生じるが $|z| \gg l$ と仮定すれば z 軸上の点 $P(0, 0, z)$ での $B(z)$ は $B(z) = m/2\pi z^3$ であることを示せ．

4. z 方向に十分細長い棒磁石（図 5.20）では両端の近傍を除き反磁場係数は $N \simeq 0$ としてよいことを示せ．

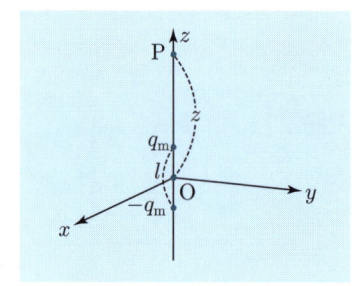

図 5.19　磁気双極子

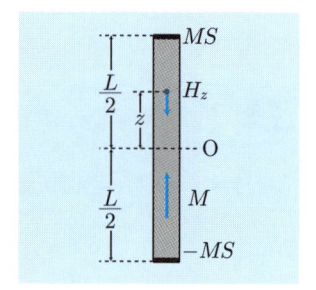

図 5.20　細長い磁石

5. 図 5.21 に示すように，導線を円筒面に沿ってらせん状に一様かつ密に巻いたコイルをソレノイドという．ソレノイドは無限に長いと仮定し，導線に電流 I を流したときにソレノイドの作る磁場を求めよ．図 5.21 ではコイルの導線が一層の場合を描いたが，実際のソレノイドでは何層にもわたりコイルを巻くことがある（図 5.22）．結果を導く際，一般に単位長さ当たりの巻数を n とせよ．

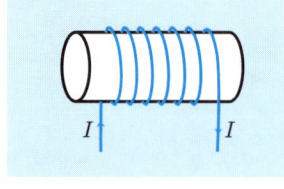

図 5.21　ソレノイド

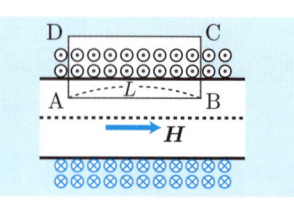

図 5.22　ソレノイド内部の磁場

6. $n = 2000 \, \text{m}^{-1}$，$I = 4 \, \text{A}$ のとき，ソレノイド内部の磁場，磁束密度を求めよ．また，ソレノイドの内部を比透磁率 7×10^3 の鉄で満たしたときの磁束密度はいくらか．

第6章

時間変化する電磁場

　電場や磁場が時間変化するとそれに特有な現象が生じる．コイルをつっきる磁力線を変化させるとコイル内に起電力が発生する．これを電磁誘導といい，発電機の原理ともいうべき実用上重要な現象である．電磁誘導についてはファラデーの法則が成立する．2つのコイルがあり，一方の電流が変わると他方のコイル中に起電力が発生し，これを相互誘導という．コイル中の電流が変化すると，そのコイル自身を貫く磁場が変わり，コイル中に起電力が生じる．これを自己誘導という．直流回路に相当し交流回路が存在するが，その本格的な勉学には微積分の知識が必要なので，ここでは簡単な問題を扱いたい．磁気エネルギーは電気エネルギーと同じような意味をもつが，ここではソレノイドに蓄えられるエネルギーについて述べる．時間変化する電磁場を扱う方法として，アンペールの法則を一般化したマクスウェル-アンペールの法則について論じる．

本章の内容
6.1　電磁誘導とファラデーの法則
6.2　相互誘導と自己誘導
6.3　交 流 回 路
6.4　磁気エネルギー
6.5　マクスウェル-アンペールの法則

6.1 電磁誘導とファラデーの法則

電磁誘導　　電場と磁場を総称して**電磁場**という．電磁場の時間変化を調べるのは電磁気学の重要な 1 つのテーマである．この現象の一例として，磁石をコイルに近づけたり遠ざけたりすると，コイル中に電流が誘起されることに注意しよう．1831 年にファラデーが発見したこの現象を**電磁誘導**という．後で述べるように，電磁誘導は発電機を作る際に有効な実用的原理である．

レンツの法則　　電磁誘導によって流れる電流の向きは，その電流の作る磁場が誘導の原因である磁場の変化に逆らうように生じる．これを**レンツの法則**という．図 **6.1(a)** のようにコイルに電流が流れ，電流は図の向きをもつとする．電流の向きに右ネジを進めるように磁場が発生するため［図 **5.14(b)** (p.62)］，磁場は図のように下から上へと生じる．電流の向きを逆転すれば磁場の向きも逆転する．電流の流れていないコイルに磁石の N 極を下の方から近づけたとする［図 **6.1(b)**］．磁極に近い方が磁場は強いので，コイルを貫通する上向きの磁場は増大する．すなわち，誘導の原因となる磁場はいまの場合，増大の状態にある．レンツの法則によると，この変化に逆らい電流は下向きの磁場を発生するように流れ，よって図に示した向きをもつ．逆に，N 極を遠ざけるときには，**(b)** と逆の状態になって，電流は **(c)** に示すような向きに流れる．

誘導起電力　　上述の現象で，磁石を移動させたときコイル内に電流が流れるのは，電磁誘導によりコイル内に電流を流そうとする作用すなわち起電力が発生するためである．電磁誘導によって生じる起電力を**誘導起電力**という．あるいは，コイル内の電流変化に逆らう向きにこの起電力は生じるため，これを**逆起電力**ともいう．コンセントからコードを離すとき火花が飛ぶが，これは逆起電力による．

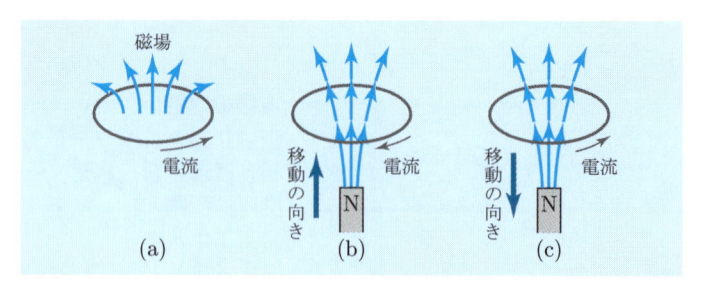

図 **6.1**　レンツの法則

6.1 電磁誘導とファラデーの法則

例題 1 時間 t の関数として変数 x が $x = r\sin(\omega t + \alpha)$ で表されるとする．このとき，次の関係が成り立つことを示せ．
$$\lim_{\Delta t \to 0} \frac{\Delta x}{\Delta t} = r\omega \cos(\omega t + \alpha)$$
また，$x = r\cos(\omega t + \alpha)$ のときにはどうか．

解 純粋に数学の問題であるが，後の話と関係があるのでここで扱っておく．与式は x 軸上を**単振動**する質点の x 座標を表し，r を**振幅**，ω を**角振動数**，α を**初期位相**といい，いずれも t にはよらぬ定数である．電気の場合，与式は交流に相当する．ここで
$$x(t+\Delta t) - x(t) = r\Big[\sin(\omega t + \omega \Delta t + \alpha) - \sin(\omega t + \alpha)\Big]$$
であるが，三角関数の公式
$$\sin A - \sin B = 2\cos\frac{A+B}{2}\sin\frac{A-B}{2}$$
を利用すると
$$x(t+\Delta t) - x(t) = 2r\cos\left(\omega t + \alpha + \frac{\omega \Delta t}{2}\right)\sin\frac{\omega \Delta t}{2}$$
となる．ところで，x をラジアン単位で表したとき，x が十分小さいとき $\sin \simeq x$ という近似式が成り立つ (例題 2)．その結果，与えられた関係が導かれる．次に $x = r\cos(\omega t + \alpha)$ の場合には
$$x(t+\Delta t) - x(t) = r\Big[\cos(\omega t + \omega \Delta t + \alpha) - \cos(\omega t + \alpha)\Big]$$
に注目し，公式
$$\cos A - \cos B = -2\sin\frac{A+B}{2}\sin\frac{A-B}{2}$$
を利用すると，上と同様の議論で次のように書けることがわかる．
$$\lim_{\Delta t \to 0}\frac{\Delta x}{\Delta t} = -r\omega \sin(\omega t + \alpha)$$

例題 2 角 x をラジアン単位で表したとき $\sin x \simeq x$ の近似式が成り立つことを証明せよ．

解 図 **6.2** で O を中心とする円弧 PQ の長さは rx と書ける．これはラジアン単位における角の定義である．一方，
$$\overline{\mathrm{PP'}} = r\sin x$$
となる．x が十分小さいと円弧 PQ の長さは $\overline{\mathrm{PP'}}$ に等しく，結局 $\sin x \simeq x$ の近似式が得られることがわかる．

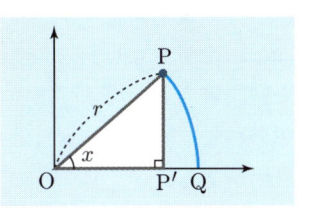

図 **6.2** $\sin x$ に対する近似式

磁束　向きの決まった閉曲線 C を縁とする曲面 S を考え［図 **6.3(a)**］，S の裏から表へと向かう法線方向の単位ベクトルを $\boldsymbol{n}$ とする．$B_n = \boldsymbol{B}\cdot\boldsymbol{n}$ とし S を多数の微小部分に分割したとして，各微小部分の面積を ΔS とする．このとき

$$\Phi = \lim_{\Delta S \to 0} \sum_S B_n \Delta S \tag{6.1}$$

の Φ は曲面 S を貫く**磁束**と呼ばれる．S が平面で図 **6.3(b)** のように一様な大きさ B の磁束密度に垂直なら $B_n = B$ で $\Phi = BS$ と書ける（S は S の面積）．すなわち，磁束密度は単位面積当たりの磁束に等しい．磁束の単位は**ウェーバ**（Wb）で，これは磁場に垂直な $1\,\mathrm{m}^2$ の面を $1\,\mathrm{T}$ の磁束密度が貫くときの磁束を表す．

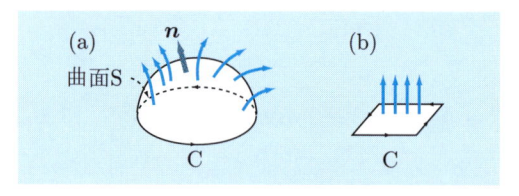

図 **6.3**　磁束の定義

ファラデーの法則　閉回路 C に起電力 V の電池が挿入されているとし，回路の電気抵抗を R，流れる電流を I とする（図 **6.4**）．電流の流れる向きを閉曲線の向きにとり，C を縁とする曲面を S として，S を貫く磁束を Φ とする．Φ が時間的に変動するとき誘導起電力 V_i は次のように表される．

$$V_i = -\lim_{\Delta t \to 0} \frac{\Delta \Phi}{\Delta t} \tag{6.2}$$

これを**ファラデーの法則**という．図 **6.4** で電流を決めるべき方程式は

$$RI = V + V_i \tag{6.3}$$

と書ける．Φ が時間とともに増加するとき，$\Delta\Phi/\Delta t > 0$ であるから，上式の右辺第 2 項は回路に電流を流そうとする起電力と逆向きの作用をもつ．そのような意味で誘導起電力を**逆起電力**という．回路中の電流の変化，回路全体の移動，回路の変形など磁束変化のさまざまな原因がある．ファラデーの法則によると，原因はどうであれ，結局，誘導起電力は (6.2) で与えられる．

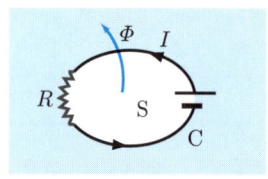

図 **6.4**　ファラデーの法則

6.1 電磁誘導とファラデーの法則

例題 3 図 6.5(a) のように, 大きさ B の一様な磁束密度中に一辺の長さがそれぞれ a, b の長方形回路 ABCD がおかれているとする. 図の回転軸のまわりで回路を一定の角速度 ω で矢印の向きに回転させたとし, 端子 Q に対する端子 P の電位 V を求めよ.

解 長方形 ABCD が図 6.3 の曲面 S に, また端子 P, Q が図 6.3 の電池の陽極, 陰極に相当するものとする. S の裏から表へ向かう法線方向の単位ベクトルを $\boldsymbol{n}$ とする. 図 6.5(b) のように $\boldsymbol{n}$ と $\boldsymbol{B}$ のなす角を θ とすれば θ は回転角を表す. 時刻 $t=0$ で $\theta=0$ とすれば $\theta=\omega t$ と書ける. $\boldsymbol{B}$ の $\boldsymbol{n}$ 方向の成分は $B\cos\omega t$ で, このため長方形回路を貫く磁束 Φ は

$$\Phi = abB\cos\omega t$$

と書ける. 誘導起電力 V_i は (6.2) で与えられるから, 例題 1 (p.67) の結果を利用すると

$$V_i = -\lim_{\Delta t \to 0}\frac{\Delta}{\Delta t}(abB\cos\omega t) = ab\omega B\sin\omega t$$

が得られる. 上の V_i は振動数 ω あるいは周波数 f の交流電圧である (図 6.6).

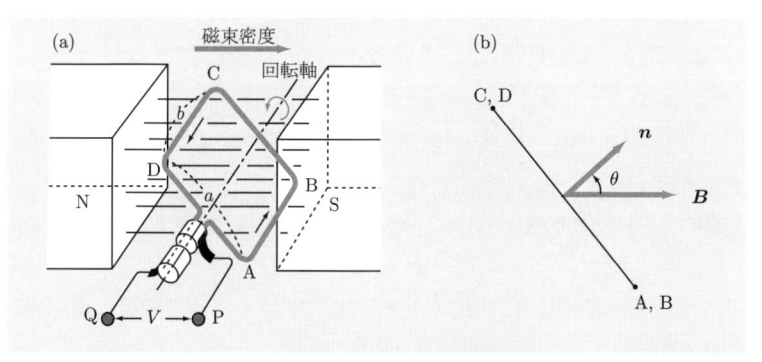

図 6.5 交流発電機の原理

[参考] 微分の応用 例題 1 (p.67) の結果は微分の記号を用いると

$$\frac{d}{dz}\sin z = \cos z, \quad \frac{d}{dz}\cos z = -\sin z$$

と書ける. $z = \omega t + \alpha$ とすれば

$$\frac{d}{dz}\left[r\sin(\omega t + \alpha)\right] = \frac{d}{dz}(r\sin z)\cdot\frac{dz}{dt}$$
$$= r\omega\cos(\omega t + \alpha)$$

となる. 同様に, $r\cos(\omega t + \alpha)$ に対する結果が得られる.

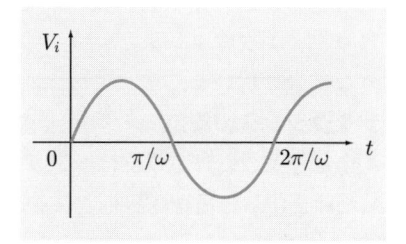

図 6.6 V_i と t との関係

6.2 相互誘導と自己誘導

相互誘導　電流 I_1 が流れるコイル C_1 の作る磁場は I_1 に比例する．したがって，それが別のコイル C_2 を貫くときの磁束 Φ_2 も I_1 に比例し (図 6.7)

$$\Phi_2 = M_{21} I_1 \tag{6.4}$$

と書ける．C_1, C_2 を固定し I_1 を時間的に変化させると Φ_2 も変化する．そのため，C_2 に誘導起電力が発生する．この現象を**相互誘導**，また定数 M_{21} を C_1 から C_2 への**相互インダクタンス**という．C_1, C_2 を固定したとき M_{21} は時間によらず，ファラデーの法則により，C_2 に起こる誘導起電力 V_2 は次のように表される．

$$V_2 = -\lim_{\Delta t \to 0} \frac{\Delta \Phi_2}{\Delta t} = -M_{21} \lim_{\Delta t \to 0} \frac{\Delta I_1}{\Delta t} \tag{6.5}$$

相反定理　図 6.7 でコイル C_2 に電流 I_2 が流れると，C_1 を貫通する磁束 Φ_1 は (6.4) と同様

$$\Phi_1 = M_{12} I_2 \tag{6.6}$$

と書ける．M_{12} は C_2 から C_1 への相互インダクタンスであるが

$$M_{12} = M_{21} \tag{6.7}$$

が成り立つ．この関係を**相反定理**という．一般的な証明には立ち入らず，具体的な例 (例題 4) で相反定理を確かめる．

自己誘導　I_1 の作る磁束線は C_1 自身も貫くので，これによる磁束 Φ_1 は

$$\Phi_1 = L_1 I_1 \tag{6.8}$$

と表される．I_1 が時間的に変化すると，次式で与えられる誘導起電力 V_1

$$V_1 = -\lim_{\Delta t \to 0} \frac{\Delta \Phi_1}{\Delta t} = -L_1 \lim_{\Delta t \to 0} \frac{\Delta I_1}{\Delta t} \tag{6.9}$$

が C_1 に発生する．このように，コイル内の電流変化によりそれ自身の内部に誘導起電力が起こる現象を**自己誘導**，比例定数 L_1 を**自己インダクタンス**あるいは単に**インダクタンス**という．回路図でインダクタンスを表すには図 6.8 のような記号を用いる．

インダクタンスの単位　相互誘導にしろ，自己誘導にしろ，インダクタンスの国際単位系における単位はヘンリー (H) である．すなわち，1 s の間に電流が 1 A だけ変化した場合，誘起される電圧が 1 V のときを 1 ヘンリーとしている．(6.5) あるいは (6.9) から次式が成り立つ．

$$H = V \cdot A^{-1} \cdot s \tag{6.10}$$

6.2 相互誘導と自己誘導

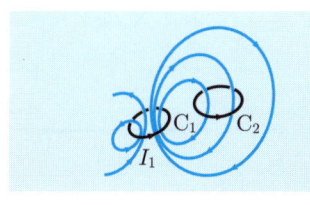

図 6.7 相互誘導と自己誘導

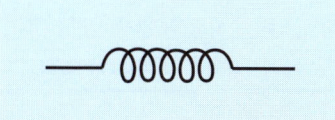

図 6.8 インダクタンスの記号

> **例題 4** 断面が半径 a の円の鉄棒から図 6.9 のような半径 r の円環を作り，巻数 N_1, N_2 の 2 つのコイル 1, 2 を巻きつけた．鉄の透磁率を μ，また $r \gg a$ とし，鉄内の磁束密度の大きさ B は一定であるとして，次の設問に答えよ．
> (a) 相互インダクタンス M_{21}, M_{12} を求め，両者が等しいことを確かめよ．
> (b) コイル 1, 2 の自己インダクタンス L_1, L_2 を求めよ．

解 (a) コイル 1 に電流 I_1 を流したとき，下の補足で示すように，磁束線は円環の外部に漏れないとしてよい．したがって，半径 r の円の経路にアンペールの法則を適用し，$2\pi r B = \mu N_1 I_1$
∴ $B = \mu N_1 I_1 / 2\pi r$ が得られる．これから磁束 Φ は $\Phi = \pi a^2 B = \mu a^2 N_1 I_1 / 2r$ となる．この磁束はコイル 2 を N_2 回貫き

$$\Phi_2 = N_2 \Phi = \frac{\mu a^2 N_1 N_2}{2r} I_1 \quad (1)$$

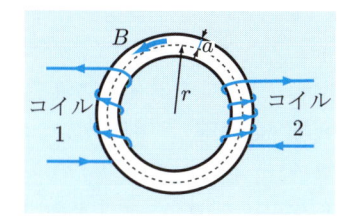

図 6.9 インダクタンスの記号

となる．したがって，(1) から M_{21} は

$$M_{21} = \frac{\mu a^2 N_1 N_2}{2r} \quad (2)$$

と計算される．一方，コイル 2 に電流 I_2 を流すと $B = \mu N_2 I_2 / 2\pi r$ となり，コイル 1 を貫く磁束は $\Phi_1 = \mu a^2 N_1 N_2 I_2 / 2r$ であることがわかる．したがって，M_{12} も (2) で与えられ $M_{12} = M_{21}$ となる．

(b) コイル 1 に電流 I_1 が流れていると，磁束 Φ は $\Phi = \mu a^2 N_1 I_1 / 2r$ と表され，これはコイル 1 を N_1 回貫く．よって $\Phi_1 = \mu a^2 N_1^2 I_1 / 2r$ となり，L_1 は

$$L_1 = \frac{\mu a^2 N_1^2}{2r} \quad (3)$$

と求まる．同様に $L_2 = \mu a^2 N_2^2 / 2r$ となる．

補足 境界面での磁束密度 図 6.10 は鉄環と外部との境界面での磁束密度の状況を表したものである．磁場の接線成分は連続で $B/\mu = B_0/\mu_0$ が成り立つ．したがって，$\mu \gg \mu_0$ ∴ $B \gg B_0$ となる．

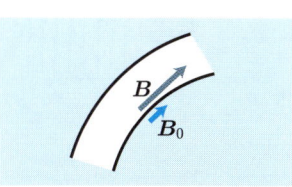

図 6.10 境界面での磁束密度

ソレノイドの自己インダクタンス　　断面積 S，長さ l，巻数 N の十分長い円筒形のソレノイドがありこれに電流 I が流れている（図 6.11）．円筒の中空部分にぴったり合う鉄心を入れた場合の自己インダクタンスは

$$L = \mu \frac{N^2}{l} S \tag{6.11}$$

と表される．μ は鉄の透磁率である．第 5 章の演習問題 5 (p.64) により磁場の大きさ H は $H = nI = NI/l$ と表され，この値は鉄心の存在とは無関係である．よって，ソレノイドの内部の磁束密度の大きさは，これを μ 倍し

$$B = \mu \frac{N}{l} I \tag{6.12}$$

となる．1 つのコイルは (6.12) に断面積 S を掛けた磁束をもたらす．これが N 回ソレノイドを貫くので全体の磁束 Φ はさらに N 倍し $\Phi = \mu N^2 SI/l$ と書ける．これから (6.11) が得られる．真空の場合には (6.11) の μ を μ_0 とすればよい．したがって，ソレノイド中に鉄心を入れると，鉄心がないときと比べ自己インダクタンスは k_m 倍となる．鉄の場合，k_m は 7×10^3 であるから，鉄心の有無によりソレノイドの性質は大きく異なる．

変圧器の原理　　図 6.12 に示すようにロの字型の鉄心の一方に巻数 N_1 の 1 次コイル，他方に巻数 N_2 の 2 次コイルを巻いたとし，コイルの両端間の電圧をそれぞれ V_1, V_2 とする．角振動数 ω の交流電源の場合

$$\frac{V_2}{V_1} = \frac{N_2}{N_1} \tag{6.13}$$

となる．V_1 が交流電源だと鉄心内の磁束 Φ も角振動数 ω で $\Phi = \Phi_0 \cos \omega t$ のように時間変化する．磁束線が鉄心からもれないとすれば Φ は鉄心内で共通の値をもち，磁束は 1 次コイルを N_1 回，2 次コイルを N_2 回貫く．したがって，例題 3 (p.69) と同様，V_1, V_2 は $V_1 = N_1 \Phi_0 \omega \sin \omega t$，$V_2 = N_2 \Phi_0 \omega \sin \omega t$ と書け，これから (6.13) が導かれる．これからわかるように，電圧の比は巻数の比に等しい．この関係を利用して電圧の値を変えるのが変圧器の原理である．

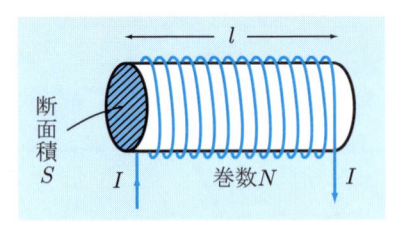

図 6.11　ソレノイドの自己インダクタンス　　図 6.12　変圧器の原理

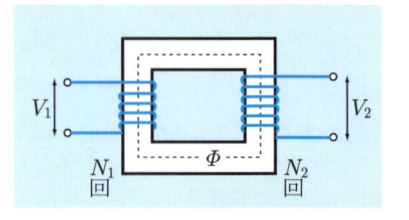

自己インダクタンスと電気火花

ビニール棒を毛皮でこすって静電気を起こし，とがった物を近づけると放電する．その様子を暗いところで見ると，弱いけれど火花が飛んでいることがわかる．この種の火花は電磁気現象の大きな特徴で，大規模なのは稲妻のような空中放電である．家庭の電気器具でも時々火花が観測される．電球に電源をつなぎにスイッチを切っただけでは火花は見られないが，例えば電気掃除機とか電気アイロンのスイッチをオンにしておき，電源のコードを抜くとコンセントのところで火花が観測される．このようなスイッチの切り方は，電気器具の扱いとしてほめられる話ではないが，電磁気の性質を捉えた1つの実験的検証である．この種の現象が起こるのは，掃除機やアイロンは自己インダクタンスを含んでいるためである．実際は交流を扱う必要があるが，電圧や電流を実効値とすれば，交流は直流として扱える．交流回路は次節で扱うが，ここでは簡単な例として，図 6.13 に示すように，L, R を含む回路を考えよう．

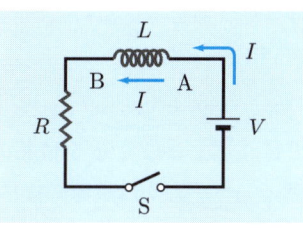

図 6.13　L と R を含む回路

L がないとスイッチ S を入れた瞬間に電流は $I = V/R$ の値をもつ．しかし，L があると S を入れた後，じわじわと電流は上記の V/R という直流の値に近づく（図 6.14）．この図については例題 6 (p.75) で扱う．図で τ は

$$\tau = \frac{L}{R}$$

と定義され時定数と呼ばれる．$L = 2\,\mathrm{mH}$, $R = 50\,\Omega$ のとき $\tau = 4 \times 10^{-5}\,\mathrm{s}$ である．上ではじわじわと書いたが，感覚的にはほとんど瞬間的に電流は定常値である V/R に達すると考えてよい．ここで，$t' \gg \tau$ とし電流が定常値に達した後，時刻 t' でスイッチを切ったとする．スイッチを切るということは図 6.13 でスイッチ両端の電気抵抗が非常に大きい R' になったことと等価である．時定数 $\tau' = L/R'$ は短くなり電流は図 6.15 のように振る舞う．時刻 t' でスイッチを切ったとき，電流は V/R であるが，スイッチ両端に生じる電位差 V' は

$$V' = IR' = \frac{VR'}{R} \gg V$$

と書け高電圧に達する．例えば $R'/R = 100$ の場合，$1.5\,\mathrm{V}$ の電池でも $150\,\mathrm{V}$ の電圧が発生し，電気火花が飛ぶ．

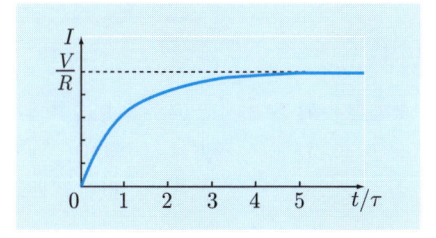

図 6.14　電流の時間変化

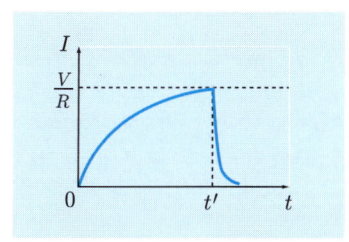

図 6.15　S を切ったときの時間変化

6.3 交流回路

交流回路　コイル，コンデンサー，抵抗などが適当につながり，それらが交流電源と接続している回路を**交流回路**という．交流回路は 4.5 節で論じた直流回路で電源を交流に換えたものである．交流電源の電圧 V が

$$V = V_0 \cos \omega t \qquad (6.14)$$

で与えられるとき，電源に出入りする電流 I は (図 **6.16**)，一般に

$$I = I_0 \cos(\omega t - \phi) \qquad (6.15)$$

と表される．ここで ϕ を**位相の遅れ**，$\cos \phi$ を**力率**という．力率は電源の提供する電力と関係している (例題 5)．

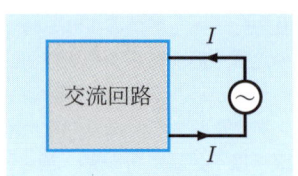

図 **6.16**　交流回路

インピーダンス　(6.14), (6.15) で

$$Z = \frac{V_0}{I_0} \qquad (6.16)$$

は直流の場合の抵抗に相当する量で，上式の Z を**インピーダンス**という．交流回路を扱う基本的な考え方は，ある瞬間に注目し直流回路で述べたキルヒホッフの法則を適用することである．コンデンサーを含む回路も扱えるが数学的な処理が難しいので，ここではインダクタンス L と電気抵抗 R から構成される回路を扱う．

LR 回路　図 **6.13** の直流電源を交流電源に置き換えた図 **6.17** で示すような交流回路 (**LR 回路**) を考える．図のように点 A, B をとり，時刻 t で A の電位が B より $V(t)$ だけ高いとし，このときの電流を I とする．(6.3) (p.68)，(6.9) (p.70) を使い，V を $V(t)$ で置き換えると，I を決める方程式は

$$L \lim_{\Delta t \to 0} \frac{\Delta I}{\Delta t} + RI = V(t) \qquad (6.17)$$

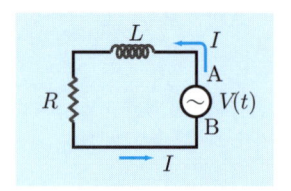

図 **6.17**　LR 回路

と書ける．(6.17) の解は，右辺を 0 としたときの解 I_1 と，とにかく上式を満たす解 (特殊解) I_2 の和で与えられる．I_1 は $I_1 = Ae^{-t/\tau}$ と書け (例題 6)，時間がたつと急速に 0 に近づき事実上 0 とみなしてよい．したがって，以下特殊解だけを考えていく．

6.3 交流回路

例題 5 交流回路で交流電源の電圧が $V = V_0 \cos \omega t$，電源に出入りする電流が $I = I_0 \cos(\omega t - \phi)$ と書けるとき，電源の提供する電力は

$$P = \frac{V_0 I_0}{2} \cos \phi$$

で与えられることを示せ．

解 微小時間 Δt の間に電源のする仕事は $VI\Delta t$ と表され，これは

$$V_0 I_0 \cos \omega t \cos(\omega t - \phi) \Delta t$$
$$= V_0 I_0 (\cos^2 \omega t \cos \phi + \cos \omega t \sin \omega t \sin \phi) \Delta t$$

となる．上式の 1 周期に対する平均をとると，$\cos^2 \omega t$ の平均値は $1/2$ と書ける．一方，

$$2 \cos \omega t \sin \omega t = \sin 2\omega t$$

は図 **6.17** のように振動していてその平均値は 0 に等しい．このため電力は上式の平均をとり与式のように表される．

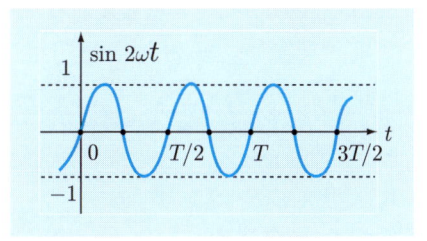

図 **6.18** $\sin 2\omega t$ の t 依存性

例題 6 (6.17) で $V(t) = V = $ 一定 という直流の場合を考え，$t = 0$ で $I = 0$ と仮定して図 **6.14** (p.73) の結果が求まることを確かめよ．

解 $I_2 = V/R$ となる．I_1 に対する方程式は

$$L \lim_{\Delta t \to 0} \frac{\Delta I_1}{\Delta t} + R I_1 = 0$$

と表される．α が定数のとき

$$\lim_{\Delta t \to 0} \frac{\Delta e^{\alpha t}}{\Delta t} = \alpha e^{\alpha t}$$

が得られるので，

$$I_1 \propto e^{\alpha t}, \quad L\alpha + R = 0 \quad \therefore \quad \alpha = -\frac{1}{\tau}$$

と表される．これからわかるように，A を任意定数として I は

$$I = \frac{V}{R} + A e^{-t/\tau}$$

で与えられる．$t = 0$ で $I = 0$ という初期条件から A は $A = -V/R$ と決まり I は

$$I = \frac{V}{R}(1 - e^{-t/\tau})$$

と表される．上式を時間の関数として図示すると図 **6.14** のようになる．

複素数表示　電圧や電流は実数だが，これらを複素数とみなすと数学的な扱いが簡単になる (**複素数表示**). 具体例として，(6.17) (p.74) のかわりに

$$L \lim_{\Delta t \to 0} \frac{\Delta I}{\Delta t} + RI = V_0 e^{i\omega t} \tag{6.18}$$

を考え，その特殊解を求める．ここで i は $i^2 = -1$ の虚数単位である．

オイラーの公式　θ を実数としたとき，次のオイラーの公式

$$e^{i\theta} = \cos\theta + i\sin\theta \tag{6.19}$$

が成り立つことに注意する (例題 7)．(6.18) の解 I は一般に複素数であるが，I を実数部分と虚数部分にわけ $I = I_\mathrm{r} + iI_\mathrm{i}$ とおくと，複素数が等しいとは実数部分と虚数部分が等しいことであるから，オイラーの公式を利用し

$$L \lim_{\Delta t \to 0} \frac{\Delta I_\mathrm{r}}{\Delta t} + RI_\mathrm{r} = V_0 \cos\omega t \tag{6.20}$$

が得られる．すなわち，交流電源が (6.14) のとき電流を求めるには (6.18) を解きその実数部分をとればよい．以下，複素数 z の実数部分，虚数部分をそれぞれ $\mathrm{Re}\,z$, $\mathrm{Im}\,z$ という記号で表す．

複素インピーダンス　(6.18) を解くため $I = \hat{I}e^{i\omega t}$ とおき，時間によらない複素振幅 $\hat{I}$ を導入すると，$(R + i\omega L)\hat{I} = V_0$ となる．$\hat{Z} = R + i\omega L$ という**複素インピーダンス**を使うと，$\hat{I}$ は $\hat{I} = V_0/\hat{Z}$ と表される．ここで，話を一般化し図 **6.16** (p.74) の電流 I に対する複素数表示を導入し $I = \hat{I}e^{i\omega t}$ とおき，上と同様，$\hat{I} = V_0/\hat{Z}$ と書けるとする．電流 I は

$$I = \mathrm{Re}\left(\frac{V_0}{\hat{Z}}e^{i\omega t}\right) \tag{6.21}$$

と表されるが，複素インピーダンスを実数部分と虚数部分にわけ

$$\hat{Z} = Z_\mathrm{r} + iZ_\mathrm{i} \tag{6.22}$$

とする．上式を表現するため，図 **6.19** に示すような複素平面を導入し，OP と x 軸とのなす角を ϕ とする．OP は $\hat{Z}$ の絶対値 $|\hat{Z}|$ に等しく

$$|\hat{Z}| = \sqrt{Z_\mathrm{r}^2 + Z_\mathrm{i}^2} \tag{6.23}$$

の関係が成り立つ．また $\hat{Z} = |\hat{Z}|e^{i\phi}$ と書け

$$I = \frac{V_0}{|\hat{Z}|}\mathrm{Re}\left(e^{i\omega t - i\phi}\right) = \frac{V_0}{|\hat{Z}|}\cos\left(\omega t - \phi\right) \tag{6.24}$$

が得られる．これから ϕ が位相の遅れ，$|\hat{Z}|$ がインピーダンスに等しいことがわかる．

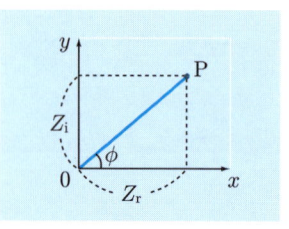

図 **6.19**　複素インピーダンス

6.3 交流回路

例題 7 z が複素数のとき指数関数 e^z は
$$e^z = 1 + z + \frac{z^2}{2!} + \frac{z^3}{3!} + \frac{z^4}{4!} + \cdots$$
と定義される．これを利用し，オイラーの公式を導け．

解 $z = i\theta$ とおき，$i^2 = -1$，$i^3 = -i$，$i^4 = 1$，$\cdots$ を使うと
$$e^{i\theta} = 1 - \frac{\theta^2}{2!} + \frac{\theta^4}{4!} - \cdots + i\left(\theta - \frac{\theta^3}{3!} + \frac{\theta^5}{5!} - \cdots\right)$$
となる．以下に示す $\cos\theta$，$\sin\theta$ の展開式 $\cos\theta = 1 - \frac{\theta^2}{2!} + \frac{\theta^4}{4!} - \cdots$，$\sin\theta = \theta - \frac{\theta^3}{3!} + \frac{\theta^5}{5!} - \cdots$ を用いると (6.19) が導かれる．

例題 8 図 6.20 のように抵抗 R，インダクタンス L が並列に接続している交流回路がある．この回路に対する複素インピーダンスを求めよ．

解 複素振幅を考えると $R\hat{I}_1 = V_0$，$i\omega L\hat{I}_2 = V_0$ で，これから
$$\hat{I} = \hat{I}_1 + \hat{I}_2 = \frac{V_0}{R} + \frac{V_0}{i\omega L} \tag{1}$$
が得られる．複素インピーダンス $\hat{Z}$ は $\hat{Z} = V_0/\hat{I}$ で定義されるので (1) から
$$\frac{1}{\hat{Z}} = \frac{1}{R} + \frac{1}{i\omega L} \tag{2}$$
が導かれる．(2) を使い
$$\hat{Z} = \frac{iR\omega L}{R + i\omega L}$$
が求まる．(2) は直流回路の並列接続における関係が合成インピーダンスでも成り立つことを意味する．

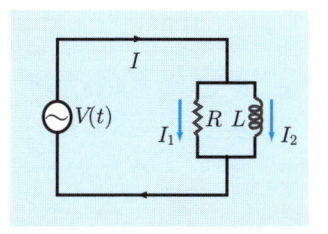

図 6.20 R と L の並列接続

参考 **微分方程式** 微分の記号を使うと (6.18) は
$$L\frac{dI}{dt} + RI = V_0 e^{i\omega t}$$
と書ける．このように微分を含む方程式を**微分方程式**という．例題 6 (p.75) の I_1 に対する微分方程式は
$$\tau = \frac{L}{R}$$
を使うと
$$\frac{dI_1}{dt} + \frac{I_1}{\tau} = 0$$
となる．この微分方程式の解は A を任意定数として次式で与えられる．
$$I_1 = Ae^{-t/\tau}$$

6.4 磁気エネルギー

磁気エネルギー　磁石や電磁石は周囲の鉄片を引き付けるから，磁場にはある種のエネルギーが蓄えられていると考えられる．このようなエネルギーを**磁気エネルギー**という．

ソレノイドの磁気エネルギー　自己インダクタンス L のソレノイドに電流 I が流れているとき，そのソレノイドに蓄えられる磁気エネルギー U_m は

$$U_m = \frac{L}{2}I^2 \tag{6.25}$$

で与えられる (例題 9)．

磁気エネルギー密度　電気エネルギーに対する (3.19) (p.32) に対応し，単位体積当たりの磁気エネルギーすなわち**磁気エネルギー密度** u_m は

$$u_m = \frac{\mu H^2}{2} = \frac{HB}{2} = \frac{\bm{H}\cdot\bm{B}}{2} \tag{6.26}$$

と表される．この結果の具体例として，ソレノイド中の磁気エネルギーについて例題 10 で扱う．

エネルギー保存則　図 **6.21** のように適当な体系 (斜線部) に起電力 V の電池が接続していて，電流 I が流れているものとする．微小時間 Δt の間に電池のする仕事は $VI\Delta t$ で与えられる．また，Δt 中に磁気力のする仕事を ΔW_m とする．磁気力に逆らい人のする (外力のする) 仕事は $-\Delta W_m$ と書ける．電池のする仕事と外力のする仕事の和が一般的なエネルギー保存則により体系のエネルギー増加となる．その一部分は体系の発するジュール熱で，体系中の電気抵抗を R とすればこれは $RI^2\Delta t$ と書ける．残りは磁気エネルギーの増加 ΔU_m となる．すなわち次の関係が成り立つ．

$$\Delta U_m + RI^2\Delta t = VI\Delta t - \Delta W_m \tag{6.27}$$

上式を利用し，磁気エネルギーとか，体系に働く磁気力が求めることができる．

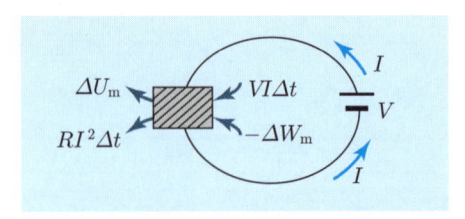

図 **6.21**　エネルギー保存則

6.4 磁気エネルギー

例題 9 自己インダクタンス L のソレノイドに電流 I が流れているとき，そのソレノイドに蓄えられる磁気エネルギー U_m を求めよ．

解 ソレノイドは静止していると考えるので，(6.26) で $\Delta W_\mathrm{m} = 0$ としてよい．(6.17) (p.74) で $V(t) = V$ とおき同式に $I\Delta t$ を掛けると

$$LI\Delta t \lim_{\Delta t \to 0} \frac{\Delta I}{\Delta t} + RI^2 \Delta t = VI\Delta t$$

が得られる．上式と (6.26) とを比べ

$$\Delta U_\mathrm{m} = LI\Delta t \lim_{\Delta t \to 0} \frac{\Delta I}{\Delta t}$$

であることがわかる．$\Delta I^2 = (I + \Delta I)^2 - I^2 = 2I\Delta I + (\Delta I)^2$ であるから，L が時間によらない定数であること，$(\Delta I)^2$ は高次の微小量である点に注意すると

$$\Delta U_\mathrm{m} = \Delta \left(\frac{L}{2} I^2 \right)$$

となる．上の結果から (6.25) が導かれる．

例題 10 長さ l，断面積 S，巻数 N のソレノイドがあり，その内部には透磁率 μ の磁性体が挿入されているとして，磁気エネルギー密度が $u_\mathrm{m} = HB/2$ で与えられることを示せ．

解 (6.11), (6.12) (p.72) により

$$H = \frac{HI}{l}, \quad B = \mu \frac{NI}{l}, \quad L = \mu \frac{N^2}{l} S$$

と表される．したがって，磁気エネルギーは

$$U_\mathrm{m} = \frac{L}{2} I^2 = \frac{\mu N^2 S}{2l} \frac{HBl^2}{\mu N^2} = \frac{HB}{2} Sl$$

と計算される．上式で Sl はソレノイドの体積である．したがって，単位体積当たりのエネルギー，すなわち磁気エネルギー密度は $u_\mathrm{m} = HB/2$ と書ける．

例題 11 自己インダクタンス $3\,\mathrm{mH}$ のソレノイドに $5\,\mathrm{A}$ の電流が流れているとき，ソレノイドの磁気エネルギーは何 J か．

解 磁気エネルギー U_m は，すべての物理量に国際単位系を使えば，$\mathrm{mH} = 10^{-3}$ であることに注意し，(6.25) により

$$U_\mathrm{m} = \frac{1}{2} \times 3 \times 10^{-3} \times 5^2 \,\mathrm{J} = 3.75 \times 10^{-2} \,\mathrm{J}$$

と書ける．

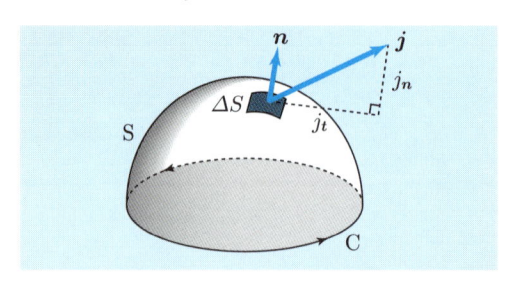

6.5 マクスウェル-アンペールの法則

アンペールの法則　定常電流だと 5.5 節で述べたように，アンペールの法則が成り立ち，(5.26) (p.62) が得られる．そこでは電流が線上を流れるとしたが，電流が面上に分布するような場合に同式を一般化しよう．図 **6.22** のように向きの決まった閉曲線 C があり，C を縁とする曲面を S とする．S の裏から表へ向かう法線方向の単位ベクトルを $\bm{n}$，電流密度 $\bm{j}$ の法線方向の成分を $j_n (= \bm{j} \cdot \bm{n})$ とおく．曲面 S を細分し，単位時間当たり微小面積 ΔS を通過する電気量を考察する．図のように電流密度 $\bm{j}$ を j_t と j_n に分解すれば，j_t は ΔS を通過する電荷量に寄与しない．このため，アンペールの法則は次のように表される．

$$\lim_{\Delta s \to 0} \sum_{\mathrm{C}} \bm{H} \cdot \Delta \bm{s} = \lim_{\Delta S \to 0} \sum_{\mathrm{S}} \bm{j} \cdot \bm{n} \Delta S \tag{6.28}$$

マクスウェル-アンペールの法則　時間変化する電磁場では (6.28) を修正し

$$\lim_{\Delta s \to 0} \sum_{\mathrm{C}} \bm{H} \cdot \Delta \bm{s} = \lim_{\Delta S \to 0} \sum_{\mathrm{S}} \left(\bm{j} + \lim_{\Delta t \to 0} \frac{\Delta \bm{D}}{\Delta t} \right) \cdot \bm{n} \Delta S \tag{6.29}$$

としなければならない．これを**マクスウェル-アンペールの法則**という．この法則は，適当な思考実験により理解できる (例題 12)．

変位電流　マクスウェル-アンペールの法則は時間変化する電磁場の場合，本来の電流密度 $\bm{j}$ に $\lim (\Delta \bm{D}/\Delta t)$ という電流密度に相当する項を加える必要があることを意味する．すなわち，電流密度 $\bm{j}$ を

$$\bm{j} + \lim_{\Delta t \to 0} \frac{\Delta \bm{D}}{\Delta t} \tag{6.30}$$

に修正するべきことを表し，(6.30) の第 2 項を**変位電流** (厳密には変位電流密度) という．変位電流の存在は実験的に検証されたわけではない．しかし，電磁波が存在するためには，変位電流の項が必要であるから，変位電流の存在は電磁波の発見により証明されたと考えてよい．

図 **6.22**　アンペールの法則

6.5 マクスウェル-アンペールの法則

> **例題 12** 図 6.23 のように帯電していないコンデンサーを電池に接続しスイッチを入れると，電池からコンデンサーへ電流 I が流れる．ここで図のように，C を縁とする S_1 という曲面では S_1 を貫通する電流は I で，I を電流密度で表せば (6.28) が成立する．しかし，C を縁としコンデンサーの極板間を通る曲面 S_2 では貫通する電流は 0 となり，(6.28) の右辺も 0 で矛盾した結果となる．この矛盾を解決するための方法として変位電流の存在を論じよ．

解 コンデンサーの極板間には，導線内の電流と異なる電流が流れるとし，(6.28) の右辺にはこの電流の寄与を考慮すればよい．そのような電流を求めるため，平行板コンデンサーの極板間の電束密度の大きさ D は，極板にたまる電荷を $\pm Q$，極板の面積を S とすれば，$D = \sigma = Q/S$ と書けることに注意しよう．微小時間 Δt の間の以上の変化をとると，$\Delta t \to 0$ の極限で $I = \Delta Q/\Delta t$ と書けるので

$$\frac{\Delta D}{\Delta t} = \frac{I}{S}$$

が得られる．これからコンデンサーの極板間には $\Delta D/\Delta t$ という大きさの電流密度の電流が流れていると解釈することができる．この電流が変位電流である．

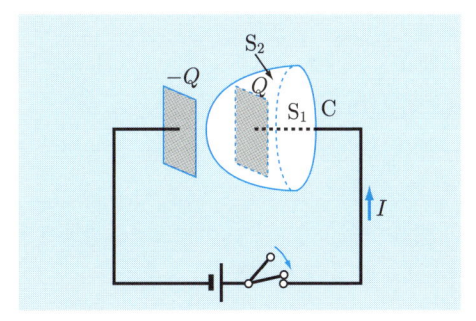

図 6.23 変位電流の意味

参考 **連続の方程式** 変位電流は電荷の連続性と関連している．電磁気学でとり扱う真電荷は元を正せば陽子，電子などの素粒子である．高エネルギー物理学ではこれら素粒子の生成，消滅を扱う場合があるが，通常の電磁気学ではこれらは不滅とし，電荷が突然消えたり，生まれたりしないとする．したがって，空間中に適当な領域 V をとり，これを囲む曲面を S としたとき，微小時間 Δt の間に S を通り V に流れ込む電荷量は領域中の電荷量の増加量に等しい．真電荷の電荷密度 ρ は，一般に場所 r と時間 t の関数であるがこれを $\rho(r, t)$ と書く．そうすると，真電荷の連続性を表す条件は，偏微分の記号を使い

$$\frac{\partial \rho}{\partial t} + \mathrm{div}\, \boldsymbol{j} = 0$$

となる．この関係を**連続の方程式**という．変位電流がないとすれば上式で $\partial \rho/\partial t$ の項は現れず，連続の方程式を満たすため変位電流の存在は不可欠である．

電磁場の基礎理論　電磁場に対する基礎理論は次の4つの関係から得られる．① 空間中に任意の閉曲面 S をとり，その内部の領域を V とし，S の内から外へ向かう法線方向の単位ベクトルを n とする．電束密度 D の n 方向の成分を S について加えた和は V 中の真電荷に等しい．② 磁束密度 B の同様の和は，V 中の真磁荷に等しいため 0 である．③ 電磁誘導に関するファラデーの法則．④ マクスウェル-アンペールの法則 (6.29) (p.80)．

マクスウェルの方程式　以上の4つを場所，時間に関する関係として表したものを**マクスウェルの方程式**という．この方程式と

$$D = \varepsilon E, \quad B = \mu H, \quad j = \sigma E \tag{6.31}$$

とを組み合わせると，電磁的な現象を統一的に説明できると考えられている．マクスウェルの理論の特徴は，彼の導いた方程式に基づき 1864 年，電磁場が波動として伝わることを示した点であろう．

電磁波　電磁場が波の形で空間中を広がっていき，このような波を一般に**電磁波**という．第8章で学ぶが，光は一種の電磁波である．電磁波の中で特に波長の長いものを**電波**という．電磁波が伝わるためには変位電流の存在が不可欠である．これを理解するには微積分の知識が必要で概略は右ページに述べる．しかし，1つの直観的な説明を以下に示しておこう．

電磁波の伝わり　電波は，例えば東京タワーにあるアンテナから放射される．アンテナ中では上下に振動電流が流れ，この電流のためまわりの空間の電場，磁場すなわち電磁場に変動が起こり，それが次々と広がって電磁波が伝わっていく．アンテナを簡単化して，1つの導線でこれを表すことにし，図 **6.24(a)** のようにある瞬間に導線の上方の＋の電気，下方に－の電気が存在し，電流は下から上へ流れるとしよう．電場は図の矢印のように下向きに，またアンペールの法則により磁場は導線のまわりで円状に図に示したように生じる．時間が少したち，導線の上が＋，下が－のまま電流が下向きに流れると，図 **6.24(b)** のように導線近傍の磁場は **(b)** と逆向きになる．このように，同じ場所で磁場が逆転すると，電磁誘導の現象により，磁場と垂直な面内で電場がループ状に発生する．さらに，導線の上が－，下が＋になると図 **6.24(c)**, **(d)** のような状態となり，このような形で電場，磁場が空間中を伝わっていく．

電磁波の伝わる速さ　電磁波の伝わる速さは厳密にいうと媒質によって異なる．しかし，空気中での速さは真空中とほとんど同じで1秒間に地球のまわりを7回半回るくらいの猛スピードである．真空中の電磁波の伝わる速さは真空中の光速と同じであるが，これについては右ページで述べる．

6.5 マクスウェル-アンペールの法則

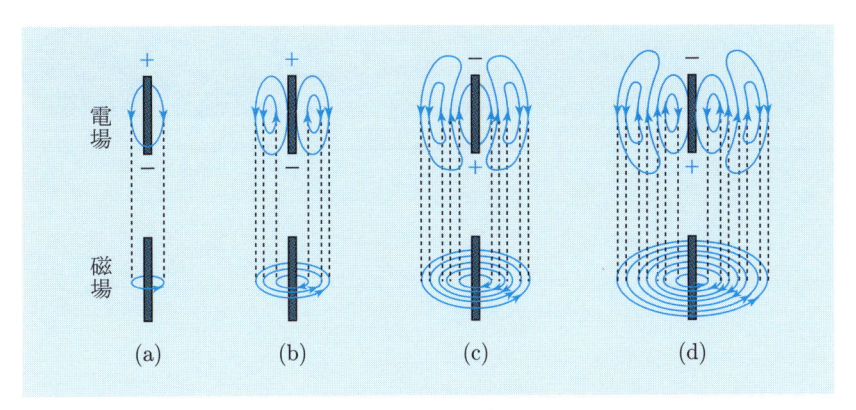

図 6.24 電磁波の伝わり

=== マクスウェルの理論 ===

マクスウェル (1831-1879) はイギリスの物理学者で，1864 年に彼の理論に基づき真空中の電磁場が音波と同様な方程式に従うことを発見した．すなわち，電磁波の存在を理論的に予見したのである．以下，この理論の概略を紹介しよう．ベクトル解析の概念を使うので，この方面の不慣れな読者は話の筋道を理解すればよい．電荷密度 ρ は 0，電流密度 j は 0 とし，一様な ε, μ で記述される物質を考慮すると，E, H に対して次式が得られる．これは左の電磁場の基礎理論 ①〜④ を数式で表したものである．

$$\mathrm{div}\, \boldsymbol{E} = 0, \quad \mathrm{div}\, \boldsymbol{H} = 0$$
$$\mathrm{rot}\, \boldsymbol{E} + \mu \frac{\partial \boldsymbol{H}}{\partial t} = 0, \quad \mathrm{rot}\, \boldsymbol{H} - \varepsilon \frac{\partial \boldsymbol{E}}{\partial t} = 0$$

ただし，$\mathrm{rot}\, \boldsymbol{A}$ はベクトル $\boldsymbol{A}$ の**回転**と呼ばれ

$$\mathrm{rot}\, \boldsymbol{A} = \left(\frac{\partial A_z}{\partial y} - \frac{\partial A_y}{\partial z}, \frac{\partial A_x}{\partial z} - \frac{\partial A_z}{\partial x}, \frac{\partial A_y}{\partial x} - \frac{\partial A_x}{\partial y} \right)$$

と定義される．z 方向に伝わる電磁波を考え，$\boldsymbol{E} = (E_x, 0, 0)$，$\boldsymbol{H} = (0, H_y, 0)$ と仮定する．このような波は図 8.1 (p.107) で表される．電磁波の進む向きは z 方向であるが，$\boldsymbol{E}$ や $\boldsymbol{H}$ はそれと垂直になるのでこの種の波を**横波**という．E_x, H_y に対して

$$\varepsilon \mu \frac{\partial^2 E_x}{\partial t^2} = \frac{\partial^2 E_x}{\partial z^2}, \quad \varepsilon \mu \frac{\partial^2 H_y}{\partial t^2} = \frac{\partial^2 H_y}{\partial z^2}$$

と書ける．これは z 方向に速さ

$$c = \frac{1}{\sqrt{\varepsilon \mu}}$$

で伝わる波を記述する．真空中では (1.3) (p.2), (5.2) (p.50) により上記の c は真空中の光速と一致する．

演習問題 第6章

1. 図 **6.5** (p.69) で $a = 0.4$ m, $b = 0.5$ m, $B = 0.2$ T, $f = 50$ Hz のとき，発生する交流電圧の振幅は何 V か．

2. 磁束の単位も磁荷の単位もともに Wb で表される．その理由について考えよ．

3. xy 面上で原点 O を中心とする半径 a の円があり，B_z が
$$B_z = B_0 t^2 \quad (B_0 \text{は定数})$$
というふうに時間変化する．円内に生じる誘導起電力を求めよ．

4. (6.1) (p.68) で定義した Φ は曲面 S のとり方に依存しているように思われる．しかし，実際には Φ は曲線 C だけで決まり S の選び方にはよらないことを示せ．

5. 直径 3 cm，長さ 5 cm の中空円筒に直径 0.5 mm の銅製のエナメル線を 100 回巻きソレノイドを作った．その自己インダクタンスを求めよ．また，このソレノイドの内部を鉄で満たしたときの自己インダクタンスはいくらか．ただし，鉄の比透磁率を 7×10^3 とする．

6. あるノートパソコンの使用電圧は 19.5 V である．1次コイルの巻数が 200 回の変圧器を使い 100 V の交流電圧をこの電圧にしたい．このための 2 次コイルの巻数を求めよ．

7. 自己インダクタンス 4 mH のコイルがあり，$\Delta t = 5 \times 10^{-3}$ s の間に電流が 0 から直線的に 3 A に増加した．発生する自己誘導の起電力は何 V になるか．ただし，1 mH $= 10^{-3}$ H である．また，このコイルに 3A の電流が流れているとき，コイルのもつ磁束は何 Wb か．

8. 図 **6.25** のように，L' と R' が並列につながれ，これに L と R が直列接続されている交流回路がある．この回路に対する以下の設問に答えよ．
    (a) 全体の合成された複素インピーダンスを計算せよ．
    (b) この交流回路に対する $\tan\phi$ を求めよ．

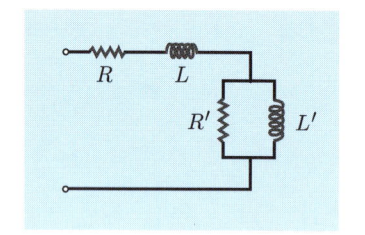

図 **6.25** 合成インピーダンス

9. 複素インピーダンスを実数部分，虚数部分で表し $\hat{Z} = R + iX$ としたとき，R を**抵抗分**，X を**リアクタンス**という．また，$\hat{Z}$ の逆数を $\hat{Y}$ と書き，$\hat{Y} = G + iB$ と表す．$\hat{Y}$ を**アドミッタンス**，G を**コンダクタンス**，B を**サセプタンス**という．G, B を R, X で表す公式を導け．

第7章

光

　創世記によると天地創造の際，神は初めに「光あれ」といわれた．宇宙は放射と物質から構成されているが，光は一種の放射で電磁波に属する波動と考えてよい．光を波と考えたとき，その波長は日常的な物体と比べ極めて短いので光を光線として扱うことができる．光の反射や屈折などをこのような立場から論じる．一般に波が伝わるときホイヘンスの原理が成り立つ．光が波であることの1つの証拠は，光が波の特徴である干渉や回折を示すことである．また，光の分散を学ぶ．シャボン玉や水面に浮かぶ油の薄膜が色づいて見えるのは干渉と分散のためである．メガネやカメラに代表されるように光は日常生活と密接な関係をもつ．このような関係を象徴するものとしてレンズの性質を学ぶ．顕微鏡，望遠鏡，カメラなどの光学器械などはレンズを利用した器具であるが，両者の関係について触れる．本書のテーマは電磁気学であり，光を電磁気学の立場から論じるので第8章で行うこととし，本章では波の観点から光を扱う．

本章の内容

7.1　光　線
7.2　光の干渉と回折
7.3　薄膜による干渉
7.4　光 の 分 散
7.5　レ ン ズ
7.6　レンズの公式
7.7　光 学 器 械

7.1 光　線

光学　光に関する学問を**光学**という．光は電磁波の一種なので光は波としての性質，すなわち反射，屈折，干渉，回折などを示す．光が波であるという立場の光学を**波動光学**という．光の波長は通常の物体の大きさよりはるかに小さいため，波長を 0 とみなし，波としての性質を忘れることもできる．この場合には波の進む線，すなわち射線だけを考慮すれば十分である．光の射線を**光線**，光線の振る舞いを幾何学的に扱う立場を**幾何光学**という．

光の反射・屈折　図 7.1 に示すように，物質 1 と物質 2 の境界面が平面で，AO という入射光線があたると，一部分は OB のように反射され，残りは OC のように屈折して進む．平面に対する法線を考えると，入射光線，反射光線，屈折光線，法線はすべて同一平面内にある．また，図のような入射角 θ，反射角 θ' を定義すると反射の法則は

$$\theta = \theta' \tag{7.1}$$

と書ける．また屈折の法則は

$$\frac{\sin\theta}{\sin\varphi} = \frac{c_1}{c_2} = n \tag{7.2}$$

となる．上式で c_1, c_2 はそれぞれ物質 1, 2 中の光速で，n を物質 1 に対する物質 2 の**屈折率**という．特に真空に対する屈折率を**絶対屈折率**という．物質 1, 2 の絶対屈折率を n_1, n_2 とし，真空中の光速を c とすれば

$$c_1 = c/n_1, \quad c_2 = c/n_2 \tag{7.3}$$

と書け，次の関係が成り立つ．

$$n = n_2/n_1 \tag{7.4}$$

乱反射　光線が (7.1) の反射の法則に従う場合を**正反射**という．通常の物体の表面には細かい凹凸が無数にあり，このためその表面を平面とみなすことはできない．しかし，入射点のごく近傍を考えると，それを近似的に平面とみなせる．反射の法則はこの平面に対して成り立ち，図 7.2 のように，でこぼこな表面からの反射光はあらゆる方法に散らされて進む．この種の反射を**乱反射**という．

逆進性　光がある点 P から他の点 Q へ進むとき，光は逆の道筋を通って点 Q から点 P へ進むことができる．これを光の**逆進性**という．例えば，図 7.1 で CO に進む光線は境界面で屈折して OA に進む．

7.1 光線

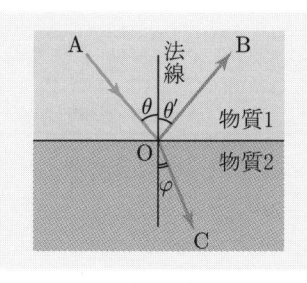

図 7.1 光の反射と屈折

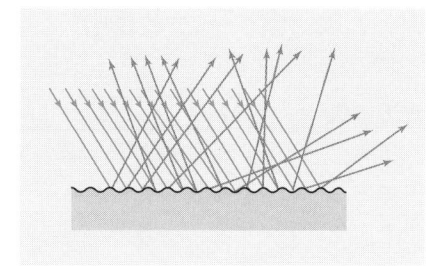

図 7.2 光の乱反射

例題 1 空気に対する水の屈折率は 1.33 である．空気中から水中へ入射角 50° で光が入射するときの屈折角 φ を求めよ．

解 $\sin 50° = 0.766$ であるから $\sin\varphi = 0.766/1.33 = 0.576$ となる．したがって，φ は $\varphi = 35.2°$ と計算される．

例題 2 光の屈折のため，水中の魚を上から見ると少し浮き上がっているように感じる．光の逆進性を利用し，深さ H にある水中の魚を真上から見たとき，見かけ上の深さは $h = H/n$ であることを示せ．ただし，n は空気に対する水の屈折率である．

解 図 7.3 のように深さ H のところにいる魚 C を考える．C から出た光は空気と水との境界面上の点 O を通って人の眼 A に達するとする．光の逆進性によって $\sin\theta/\sin\varphi = n$ が成立する．空気中にいる人は OA に進む光を見るため，魚の位置は OA を延長し C′ のところにあるように感じる．このため，見かけ上，魚の深さが浅くなったように感じる．魚を真上から見るときには，O を魚の真上の点 O′ に近づければ

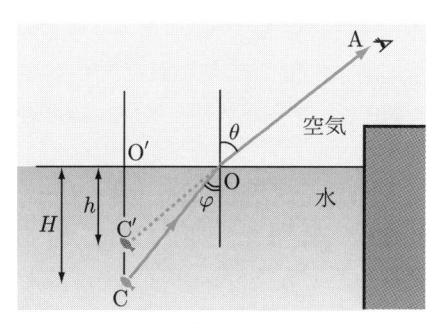

図 7.3 水中の物体の見かけ上の深さ

よい．この極限では θ も φ も 0 に近づき，$\sin\theta \simeq \theta$, $\sin\varphi \simeq \varphi$ という近似式が適用できる．図からわかるように $h\tan\theta = \mathrm{OO'}$, $H\tan\varphi = \mathrm{OO'}$ であるが，θ, φ が小さければ $\tan\theta \simeq \theta$, $\tan\varphi = \varphi$ としてよい．こうして

$$\frac{H}{h} = \frac{\tan\theta}{\tan\varphi} \simeq \frac{\theta}{\varphi} \simeq \frac{\sin\theta}{\sin\varphi} = n$$

となり，上式から $h = H/n$ が得られる．$n \simeq 4/3$ であるから，例えば 1 m の深さの魚は見かけ上 $100/(4/3)\,\mathrm{cm} = 75\,\mathrm{cm}$ の深さに見える．

7.2 光の干渉と回折

光の本性　光の示すいくつかの現象はすでにギリシア-ローマ時代から知られていた．古来，光はある種の波であるという**波動説**と，大きな速さをもつ粒子であるという**粒子説**の 2 つが唱えられてきた．現在の物理学では光は波であると同時に粒子であると考える．このようないわば二重人格的な性格は現代科学の 1 つの特徴だが，その点については第 9 章で説明する．

ホイヘンスの原理　光は波動であるという立場に立って，光の示す性質を考えていこう．一様な媒質中の 1 点 O から出た波は O を中心として球面状に広がっていく．このときの波面は O を中心とする球面で，このような波を**球面波**という．一般に，波が伝わるとき，波面上の各点から到達した波と同じ振動数と速さをもつ 2 次的な球面波ができるとし，それらを合成すると次の波面を求めることができる．あるいは，波の進む前方でこれらの球面波に共通に接する面が次の波面となる．これを**ホイヘンスの原理**という．また，波面上の各点から出ると考えられる球面波を **2 次波**（あるいは**素元波**，**要素波**）という．光の直進，反射，屈折などはホイヘンスの原理で理解することができる (演習問題 3)．

ヤングの実験　1807 年，イギリスの物理学者ヤングは光の干渉実験を行った．この実験は，光が波であることを実証したものとして物理学史上著名である．図 7.4 にヤングの実験の概略を示す．光源 L から出た光はスリット S を通り，2 つの接近した平行なスリット S_1, S_2 で 2 つに分けられる．すべてのスリットは紙面の垂直な方向で十分長く，またスリット自身は十分狭いとする．$S_1 S_2 = d$ とおき，SC は $S_1 S_2$ の垂直二等分線とし，スクリーン AB 上の点 P で光を観測したとする．また，図のように，S_1 あるいは S_2 とスクリーンとの距離を D とおく．さらに，$SS_1 = SS_2$ とし，光は S_1, S_2 で同じ状態であるとする．もし S_1, S_2 に独立な光源をおけばこれらの光源の位相は互いに無関係であるから干渉は起こらない．同じ光源から出る波を 2 つに分けた点にヤングの実験の巧妙さがある．

干渉じま　ここで $D \gg d$ とすれば，$S_1 P$ と $S_2 P$ とはほぼ平行であるとみなせる．そのような前提で点 P での合成波の様子を考える．$S_2 P - S_1 P = \lambda$ だと波が強め合い明線が観測される．一般に，上の関係の右辺は λ の整数倍でよいのでスクリーン上に明暗のしま模様が観測される (例題 3)．このようなしまを**干渉じま**という．干渉じまの定性的な図は図 7.5 に示してある．

7.2 光の干渉と回折

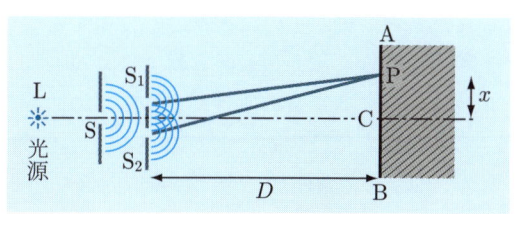

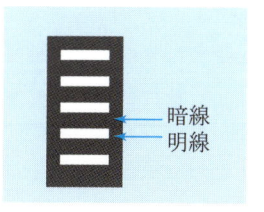

図 7.4 ヤングの実験

図 7.5 干渉じま

例題 3 ヤングの実験でスクリーン AB 上で点 P を表す座標を図 7.4 のように x とする．明線あるいは暗線が観測される条件を導き，明線と次の明線の間の間隔 Δx を光の波長 λ と d および D の関数として求めよ．

解 図 7.4 において $D \gg d$, $D \gg |x|$ と仮定しているので

$$S_1P = \left[D^2 + \left(x - \frac{d}{2}\right)^2\right]^{1/2} = D\left[1 + \frac{(x-d/2)^2}{D^2}\right]^{1/2}$$

$$\simeq D\left[1 + \frac{(x-d/2)^2}{2D^2}\right] = D\left[1 + \frac{x^2 - xd + d^2/4}{2D^2}\right]$$

となる (図 7.6)．S_2P を求めるには上式で $d \to -d$ とおけばよい．すなわち S_2P は

$$S_2P \simeq D\left[1 + \frac{x^2 + xd + d^2/4}{2D^2}\right]$$

と表される．こうして

$$S_2P - S_1P \simeq \frac{d}{D}x$$

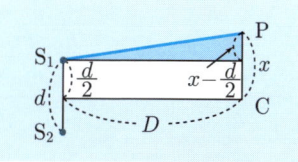

図 7.6 S_1P の計算

が得られる．上式が $0, \pm\lambda, \pm 2\lambda, \cdots$ なら合成波は山と山，谷と谷が重なり明るくなる．逆にこれが $\pm\lambda/2, \pm 3\lambda/2, \pm 5\lambda/2, \cdots$ だと山と谷が重なり合成波は暗くなる．このようにして

$$x = \frac{nD}{d}\lambda \qquad (n = 0, \pm 1, \pm 2, \cdots) \quad \cdots 明線 \tag{1}$$

$$x = \frac{(2n+1)D}{2d}\lambda \quad (n = 0, \pm 1, \pm 2, \cdots) \quad \cdots 暗線 \tag{2}$$

という条件が得られる．(1) で n が 1 だけ変わるとすれば，干渉じまでの明線間の間隔 Δx は次のように表される．

$$\Delta x = \frac{D\lambda}{d} \tag{3}$$

補足 **ヤングの業績** 干渉実験だけでなく，ヤング率はヤングが導入したものである．彼は質量 m が速さ v で運動しているときの運動エネルギーを mv^2 としたが，1/2 の係数だけ違っていた．

回折　波が障害物でさえぎられたとき，波がその障害物の陰に達する現象を回折という．図 7.7 に示すように，点 O から出た波が障害物 AB に達したとする．このときの波面を AC とすれば，ホイヘンスの原理により，この波面の各点から出る 2 次波が次の波面を作る．2 次波は円形に広がるから，AB の後側にも波が達し，これが回折である．図 7.8 に水面波における回折の例を与える．これからわかるように，隙間の大きさに対して波長が大きいほど，回折の効果は顕著になる．

一般に，波長 λ が障害物の大きさ d と同程度か，それより大きいとき，すなわち $\lambda \gtrsim d$ のとき回折が起こりやすい．ピアノの中央にあるドの音の振動数は 262 Hz でこの場合の波長は 1.3 m で，これはまわりにある物体の大きさと同程度である．このため，音波では回折がよく起き，音波をシャットアウトするのは容易でなく騒音対策は難しいのである．一方，$\lambda \ll d$ では回折は起こらないと考えてよい．光の波長は 10^{-6} m の程度なので，通常の物体の大きさよりずっと小さいため回折は起こらず光は直進すると考えてよい．

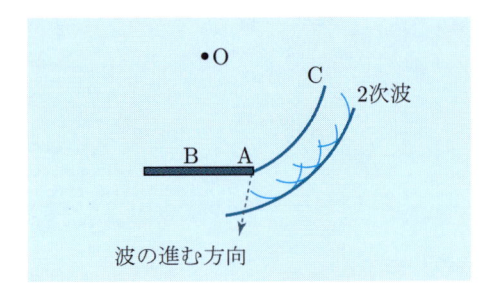

図 7.7　回折

光の回折像　光の回折を確かめるもっとも簡単な方法は，右手と左手の人差指を密着させ，指と指との間から外界をのぞくことである (図 7.9)．指と指とが完全に密着していれば外のものは何も見えない．しかし，隙間を少しあけると外の様子が見えてくる．それと同時に隙間に沿って平行に並ぶ何本かの暗い線が見えるはずである．このしま模様は**回折像**を表し，光が波であることの 1 つの証拠である．器具は何も必要としないので，ぜひ試みてほしい．このような回折は**フラウンホーファーの回折**と呼ばれる．

7.2 光の干渉と回折

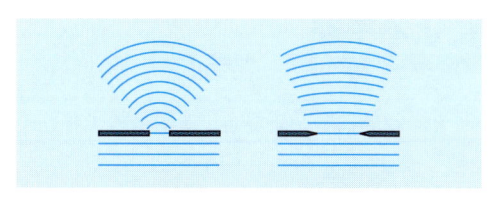

図 7.8 水面波における回折の例

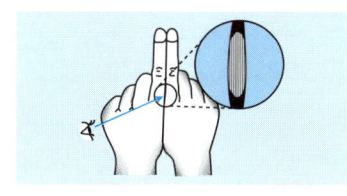

図 7.9 指と指との間からの回折像

━━━━━ シャボン玉とんだ ━━━━━

　野口雨情作詞，中山晋平作曲の童謡「シャボン玉」は読者の誰もがご存じであろう．その歌詞は

　　　シャボン玉とんだ　屋根までとんだ　屋根までとんで　こわれて消えた
　　　シャボン玉消えた　とばずに消えた　うまれてすぐに　こわれて消えた
　　　　風　風　吹くな　シャボン玉とばそ

となっている．歌詞の後半の「うまれてすぐにこわれて消えた」というのは，作詞者の実際の経験を語っているという話をどこかで聞いたことがある．すなわち，野口雨情の子が生まれてすぐに死んでしまったという悲しい物語である．

　広辞苑によるとシャボン玉とは石鹸を水に溶かし，その水滴を細い管の一方の口につけ，これを他方の口から吹いて生じさせる気泡とある．また，日光に映じて美しい色彩を呈する，と書いてある．1677 年 (延宝 5 年) 頃，初めて江戸でシャボン玉屋が行商して流行になったそうである．

　シャボン玉の膜厚は薄い．その大きさは数 100 nm であるとされている．可視光は色によって波長が違いこの点については 7.4 節で述べる予定であるが，可視光の範囲は 380 nm ～770 nm となっている．この範囲はシャボン玉の膜厚と同程度で波長 λ と膜厚 d との間には $\lambda \simeq d$ という関係が成り立つ．次節で述べるが，薄膜があると，膜の一面で反射された光と膜の他面で反射された光とが干渉して強めあったり弱めあったりする．また，太陽光はいろいろな波長の光を含むために虹と同じようにシャボン玉の干渉では色がつく．あるいは，この現象は 7.4 節で述べる光の分散によるものと考えてよいだろう．もし膜厚が厚いとシャボン玉自身は丈夫でうまれてすぐに消えることはないが，膜を通っている間に光は減衰してしまい干渉を起こすことはない．こうして，水面に浮かぶ油の薄膜やシャボン玉が色づいて見えるのは，光の干渉と光の分散のためである．

7.3 薄膜による干渉

光路差　光の干渉を一般的に論じる場合，まず次の点に注意しておく．図 7.10 は S_1, S_2 から出た波が点 P で強め合う様子を表し，S_2P と S_1P との距離の差が波長 λ であるが，これを次のように考えてもよい．波の山から次の山 (1 波長分) を 1 つの波と数えれば，**(a)** には 2 つの波，**(b)** には 3 つの波が含まれている．このように，同じ位相で出発した 2 つの波が違った経路を進みある点に到達したとき，その経路中に含まれる波の数の差が整数なら合成波は明るくなる．これを念頭に入れ，図 7.10 で **(a)** の波は空気中 (屈折率は 1 としてよい)，**(b)** の波は屈折率 n の物質中を進むとしよう．屈折率 n の物質中では光速が c/n となり振動数は変わらないから，波長が λ/n となる．このため，合成波の明暗は単なる距離の差では決まらず，むしろ波の数の差で決まる．空気中で光が距離 L だけ進むときその中の波の数は L/λ，屈折率 n の物質中で光が距離 L だけ進むときその中に波の数は Ln/λ となる．すなわち，波の数という観点からいうと，屈折率 n の物質中では波長は変わらず，その代わり距離の n 倍に相当する空気中を光が進んだと考えてよい．距離を n 倍したものを**光学距離**，光学距離の差を**光路差**という．以上の考察からわかるように，干渉の条件として同じ位相で出発した 2 つの波の光路差に対し次の関係が成り立つ．

$$\text{光路差} = \begin{cases} \lambda \text{の整数倍} & \cdots \text{明} \\ (\lambda/2) \text{の奇数倍} & \cdots \text{暗} \end{cases} \quad (7.5)$$

光学的な疎密　屈折率の小さな物質を**光学的に疎**，屈折率の大きな物質を**光学的に密**という．空気は疎で，ガラスは密である．光学的に密な物質では光の伝わる速さは小さくなる．極端な場合として，屈折率を無限大と仮定すれば，光速は 0 となってしまい，その物質中に光が入らなくなる．このため外から光を当てたとき，境界面で波動量は 0 となる．したがって，境界で入射波がそのまま折り返されて反射されるのではなく，山は谷として，谷は山として反射され図 7.11 のように反射波が入射波を打ち消さねばならない．ところで，一般に $\sin(\alpha + \pi) = -\sin\alpha$ が成り立つので，反射波の位相は入射波と比べ π (半波長分) だけずれることになる．以上の議論を一般化すると，光が 疎 $\to$ 密 へ進むとき，反射光の位相は π だけずれるが，密 $\to$ 疎 の場合には位相のずれが起こらない．また屈折光ではこのような位相のずれは起こらない．このような位相のずれと (7.5) を利用すれば，一般に光の干渉を論じることができる．

7.3 薄膜による干渉

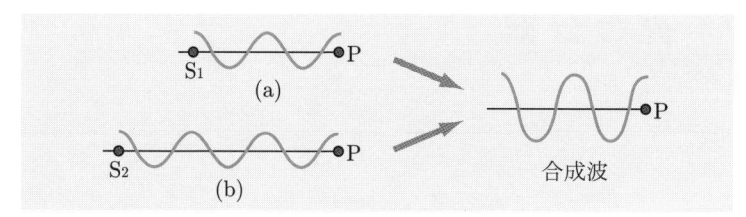

図 7.10 干渉の条件

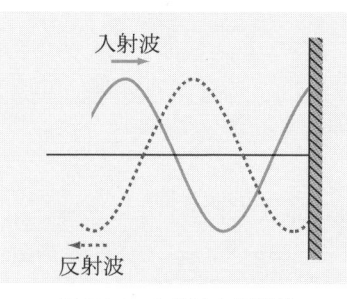

図 7.11 入射波と反射波

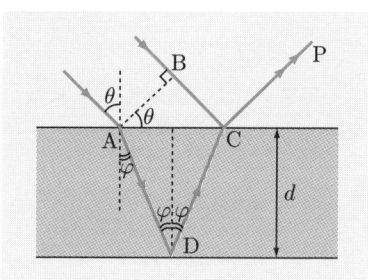

図 7.12 薄膜による干渉

例題 4 厚さ d, 屈折率 n の薄膜があるとし, $n > 1$ とする. 図 7.12 のように空気中から平行光線 (波長 λ) が入射したとして, 光の干渉を論じよ.

解 AB という波面では光の位相は同じであるが, 直接 C で反射され B → C → P に経路をとる光と薄膜の中を通り A → D → C → P という経路をとる光に対する光路差を考える. 両者の光で C → P の部分は共通であるから

$$光路差 = n(\mathrm{AD} + \mathrm{DC}) - \mathrm{BC} \tag{1}$$

となる. $\mathrm{AD} = \mathrm{DC} = d/\cos\varphi$ を用いると $\mathrm{AD} + \mathrm{DC} = 2d/\cos\varphi$ である. また $\mathrm{BC} = \mathrm{AC}\sin\theta = 2d\tan\varphi\sin\theta$ の関係と屈折率 n に対する $n = \sin\theta/\sin\varphi$ を使うと

$$\mathrm{BC} = 2d\tan\varphi\sin\theta = 2d\tan\varphi\, n\sin\varphi = 2nd\frac{\sin^2\varphi}{\cos\varphi} \tag{2}$$

が得られる. (1), (2) から

$$光路差 = \frac{2nd}{\cos\varphi} - \frac{2nd\sin^2\varphi}{\cos\varphi} = 2nd\cos\varphi \tag{3}$$

となる. 図 7.11 で B → C → P と進む波では光学的に疎なところから光学的に密なところへ光が入射するので位相は π だけずれる. あるいは, 波長に換算すると $\lambda/2$ だけずれたのと同等になる. これ以外に位相変化はないから (3) により次のように書ける.

$$2nd\cos\varphi = \begin{cases} 0,\ \lambda,\ 2\lambda,\ 3\lambda,\ \cdots & \cdots 暗 \\ \dfrac{\lambda}{2},\ \dfrac{3\lambda}{2},\ \dfrac{5\lambda}{2},\ \cdots & \cdots 明 \end{cases} \tag{4}$$

7.4 光の分散

分散　物質の屈折率は光の色 (正確には波長) によってわずかではあるが異なる．これを光の**分散**という．例えば，石英ガラスではその屈折率 n は表 7.1 のような波長依存性を示す．太陽光線をプリズムにあてると，図 7.13 のように光は赤・橙・黄・緑・青・藍・紫という虹の 7 色に分かれる．一般に，波長の短い光 (青色の光) の屈折率は波長の長い光 (赤色の光) の屈折率より大きい．このためプリズムを通る際，青色の光の方が赤色の光より余計に曲げられる．プリズムでそれ以上分かれない光を**単色光**という．単色光はある一定の波長をもつ光であると考えてよい．人の眼に感じる色は単色光の波長によって異なる．波長と色との関係を図 7.14 に示す．ここで $1\,\mu\mathrm{m} = 10^3\,\mathrm{nm} = 10^{-6}\,\mathrm{m}$ の関係が成り立つ．$1\,\mu\mathrm{m}$ は $1\,\mathrm{mm}$ の千分の 1 にあたる．

表 7.1　石英ガラスの屈折率

光の波長 (nm)	n
589.3	1.4585
404.7	1.4597
214.4	1.5359

スペクトル　光をその波長 (振動数) によって分けたものを光の**スペクトル**という．白色電球や太陽光はすべての波長の光を含んでいて**連続スペクトル**を示す．ナトリウムランプや水銀ランプなどからの光は，特定な波長の光だけをもち，**線スペクトル**と呼ばれる．これらの光は単色光である．白色電球や太陽光などの光を**白色光**という場合がある．原子の出す光のスペクトルはその原子の構造と密接に関係する．

分光器　光をスペクトルに分ける光学装置を**分光器**といい，大略図 7.15 のような構造をもつ．すなわち，光源から出た光はレンズを利用したコリメーターで平行光線に変えられ，プリズムに照射される．プリズムによる屈折光はレンズで集光されて乾板上で像を結び，その写真を調べればスペクトルが観測される．あるいは直接，眼視でスペクトルを見てもよい．

ナトリウムランプ　高速道路のトンネルなどの照明に使われる**ナトリウムランプ**は，ナトリウム蒸気中で放電するときに発光する橙黄色の光を利用している．この光は **D 線**と呼ばれ，その光を分光器で調べると波長がそれぞれ $589.0\,\mathrm{nm}$ と $589.6\,\mathrm{nm}$ のごく接近した単色光から構成されることがわかる．このようなスペクトルを**二重線**という．ナトリウムの D 線はナトリウム原子の構造と関係していることがわかっている．このような光の構造を研究する分野を**分光学**という．

7.4 光の分散

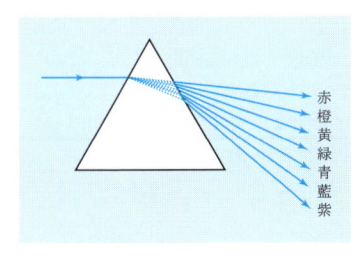

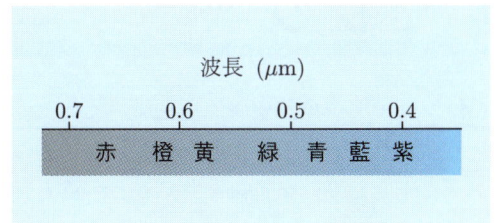

図 7.13 プリズムによる光の分散

図 7.14 波長と色との関係

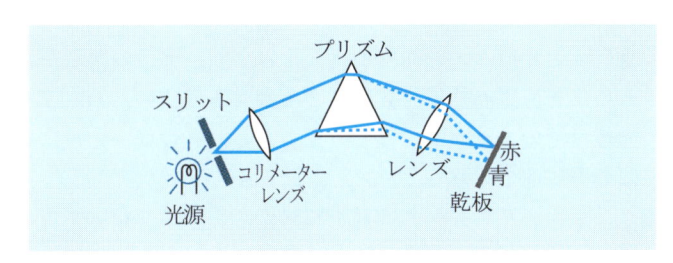

図 7.15 分光器

> **参考** **虹の 7 色** 虹の 7 色を覚える 1 つの方法は図 7.13 で示した色の名前を音読し，「せき・とう・おう・りょく・せい・らん・し」とすることである．著者は中学校の物理の時間でこの覚え方を教わって以来，60 年余りの年月がたつが，この間忘れたという記憶はない．口調がよく一旦覚えてしまえば忘れることはむしろ不可能である．虹の 7 色というのは万国共通ではないらしい．イギリス，アメリカ，フランスでは 6 色，ドイツでは 5 色で虹の 7 色は日本人の色彩感覚が優れているという話であるが，その真偽はあまりはっきりしない．

> **補足** **水滴と虹** 雨上がりに太陽光が水滴で散乱され，これが虹の原因となる．日光があたっているとき水まきをすると小規模な虹が発生し，7 色が観測される．
> 　水滴を大量に発生するのは滝である．著者は 1959 年から 2 年間にわたりアメリカに滞在した．ナイアガラ滝はいつでも行けるだろうと思っているうち，ついに機会を逸してしまった．1973 年に飛行機からナイアガラ滝を見る機会があったが，高過ぎて虹は見えなかった．1961 年の春にワシントン D.C. でアメリカ物理学会が開催された．これに出席した後，当時立教大学教授だった会津氏とその奥さんと著者との 3 人でケンタッキー州のグレートスモーキーという国立公園にドライブ旅行することにした．ブルーリッジパークウェーという観光道路を使ったが，著者の記録によると 1961 年 4 月 29 日にケンタッキー州のカンバーランド滝を訪問した．当時 8 mm フィルムでその様子を映画に撮ったが，最近 8 mm フィルムを VHS に変換できることに気づいた．その映像を見ると虹がしっかり写っている．

7.5 レンズ

凸レンズ　中央部が厚く周辺にいくほど薄くなっているレンズを凸レンズという．また，レンズの中心を通り，レンズの面と垂直な線を光軸という．凸レンズに光軸と平行な光線をあてると，図 7.16 に示すように，すべての光線はレンズを透過した後，光軸上の 1 点 F を通る．点 F を焦点，レンズの中心 O と F との間の距離を焦点距離という．図 7.17 のように光線が物質 1 から平板状の物質 2 に入り物質 2 の中を透過して，再び物質 1 に出るときを考える．図から明らかなように入射光線と透過光線とは平行になる．平板の厚さが十分薄いと入射光線はそのまま直進し物質 1 に出るとみなせる．このため図 7.16 で O を通る任意の光線はそのまま直進すると考えてよい．一般に，光線はレンズを通過する際，厚い方に曲げられる．

光線の経路　上述の凸レンズの性質を利用すると，レンズに光線をあてたとき，光線の経路を幾何学的に作図できる．図 7.18 のように光軸に垂直な物体 AB があるとしたとき，点 A を出て光軸と平行に進む光線はレンズを通過した後，点 F を通り直線 C のように進む．一方，点 A を出てレンズの中心 O を通る光線はそのまま直進し直線 D のように進む．直線 C と直線 D との交点 A′ が点 A の像である．AB 上の他の点について同様な考察を行うと結局 AB の凸レンズによる像として倒立した A′B′ が得られる．

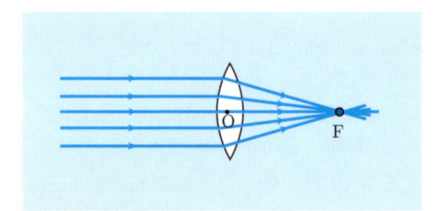

図 7.16　凸レンズの焦点

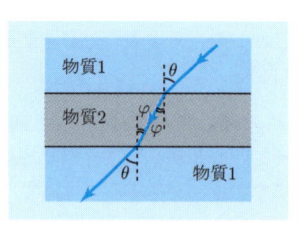

図 7.17　平板を通過する光

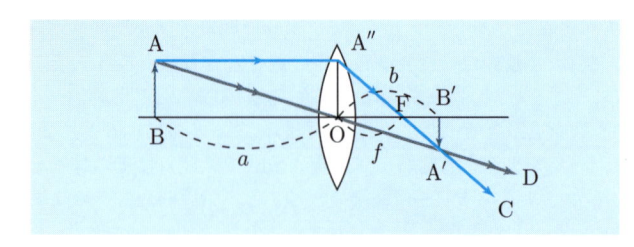

図 7.18　凸レンズを通る光線の経路

7.5 レンズ

======= 目とカメラ =======

　生物の目はデジタルカメラ(デジカメ)と同様の構造をもつ．というか，デジカメは目をモデルにして作られた，という方が適当かもしれない．目の水晶体は凸レンズとなっていて，目に入る光は水晶体で屈折され網膜上に実像を結ぶ(図 7.19)．網膜には視細胞があり，受けとった情報を電気信号に変えて脳に送り視覚が生じる．網膜のところにフィルムをおくと写真がとれる．これはカメラの原理である．そういう点で通常のカメラはアナログ的な存在といっても差し支えないであろう．

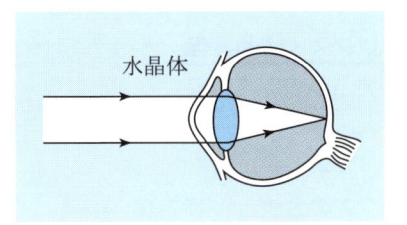

図 7.19　目の構造

　著者の子供時代，写真や映画は白黒であった．その頃，諸外国ではカラー映画が実用化されていた．ナチスドイツのヒトラー，真珠湾攻撃の際の記録などがカラー映像として残っている．「風と共に去りぬ」は 1939 年に封切られたカラー映画の大作であるが，戦前日本には入荷されていなかった．このコラム欄を書いているとき，東大物理学科で 6 年先輩の江崎玲於奈氏が日本経済新聞の「私の履歴書」中に偶然，この映画に言及されている(2007 年 1 月 10 日)．戦時中，同氏はこの映画を工学部の学生会主催の映画会で鑑賞した．フィルムは日本海軍がマニラで没収したものであった．スーパーインポーズ (字幕) なしの画面であったが，ロマンチックな雰囲気は十分楽しめた．しかし，上映中アメリカ軍の空襲のため，映画は中止となってしまった．

　戦後になってカラー映画は天然色映画と呼ばれた．しかし，いつのまにかカラーという言葉が定着した．1953 年テレビ放送が開始された後，しばらくは白黒テレビであった．カラー放送が本格的に始まったのは 1960 年からである．著者は 1959 年から 2 年間アメリカに滞在したが，この期間にとった写真はすべてカラーで総計 600 枚程度である．現在の進んだ技術を使うとこれらは 1 枚の切手サイズの SD (Secure Digital) カードに収まってしまう．図 7.14 (p.95) で示したように色は光の波長に対応するが，実際には，物体の色は赤，緑，青の 3 原色の配合で決まる．目の色彩感覚に対するヘルムホルツの 3 原色説は実験的にも確かめられている．

　かつて，カメラは光学器械で，レンズの絞りとかシャッタースピードを決めるのに勘と経験に頼っていた．光電効果を利用した自動露出計の出現はこれらを自動的に決めることを可能にした．現在ではカメラは一種の電子機器である．視細胞に相当して画素が存在し，画素は光の強弱，色に関する情報などを半導体製の受光素子 CCD (Charge-Coupled Device) によってデジタルな電気信号に変えている．これらの信号を画像として表現されるのがデジカメの原理である．人間の目は 600 万の画素に相当するといわれるが，この程度の画素をもつデジカメが開発されている．また携帯電話の画面もデジタルの機能をもつようになってきた．この方面の進歩は止まるところを知らないような勢いである．

7.6 レンズの公式

凸レンズによる実像　図 7.18 (p.96) で A′B′ のところにフィルムを置けば，物体 AB の写真が撮れることとなり，これが前ページのコラム欄でも述べたようにカメラの原理である．この A′B′ は AB から出た光が実際に集まる像を表し，**実像**と呼ばれる．

レンズの公式　図 7.18 のように点 O から物体までの距離を a，点 O から像までの距離を b，焦点距離を f とすると

$$\frac{1}{a} + \frac{1}{b} = \frac{1}{f} \tag{7.6}$$

が成り立つ．これを**レンズの公式**という．この公式を導くため，図 7.18 において △ABO と △A′B′O は相似である点に注意する．これから

$$\frac{\mathrm{AB}}{\mathrm{A'B'}} = \frac{a}{b} \tag{7.7}$$

である．薄いレンズを考えれば A から引いた光軸に平行な線とレンズとの交点を A″ としたとき，A″ は O の鉛直上方にあるとみなせる．△FB′A′ と △FOA″ は相似で A″O = AB であるから

$$\frac{\mathrm{AB}}{\mathrm{A'B'}} = \frac{f}{b-f} \tag{7.8}$$

と書ける．(7.7), (7.8) から $\frac{b}{a} = \frac{b}{f} - 1$ となり，これから (7.6) が導かれる．(7.6) で $a > f$ だと $b > 0$ でこの場合の像が実像である．これに反し，(7.6) で $a < f$ だと $b < 0$ となって，このときの像を**虚像**といい，あたかも虚像から光が出ているように感じる．虫眼鏡 (拡大鏡) で物体が大きく見えるような場合には，虚像からの光線を観測することになる．

凹レンズ　中央が周辺より薄いレンズを**凹レンズ**という．近眼の人が視力を補正するような場合，凹レンズの眼鏡を利用する．凹レンズでは光軸に平行な光線はレンズを通過した後，あたかも点 F から出発したように振る舞う．この点 F を凸レンズと同様，**焦点**と呼び，レンズの中心 O から F までの距離を**焦点距離** f という．光軸上，O から等しい距離に 2 点の焦点が存在するのは凸レンズと同様である．レンズの公式 (7.6) で $f \to -f$ とすれば凹レンズの結果が求まる (例題 5)．凸レンズ，凹レンズともにレンズの公式で記述されるが，a や b の符号には注意しなければならない．この点については右ページの参考を見よ．

7.6 レンズの公式

例題 5 図 7.20 に AB という物体の発する光線が凹レンズを通るときの経路が示されている．この場合，a, b, f の間に成り立つ関係を導け．

解 △ABO と △A′B′O は相似であるから

$$\frac{\mathrm{AB}}{\mathrm{A'B'}} = \frac{a}{b} \tag{1}$$

が成り立つ．また，△FB′A′ と △FOA″ は相似で A″O = AB であるから

$$\frac{\mathrm{AB}}{\mathrm{A'B'}} = \frac{f}{f-b} \tag{2}$$

と書ける．(1), (2) から

$$\frac{1}{a} - \frac{1}{b} = -\frac{1}{f} \tag{3}$$

となる．上式は (7.6) で $a \to a$, $b \to -b$, $f = -f$ とおいた結果と一致する．

例題 6 レンズの公式 (7.6) で凸レンズの場合を考え $f > 0$ とする．$a > 0$ として b を a の関数として図示せよ．

解 f を固定し a を無限大にすると $b = f$ となる．a を小さくし a が f に近づくと b は次第に大きくなり $a = f$ で $b = \infty$ となる．a が f より小さいと b は負となり $a = 0$ で $b = 0$ と書ける．したがって，b を a の関数として図示すると図 7.21 のように表される．例えば $f = 10\,\mathrm{cm}$，$a = 30\,\mathrm{cm}$ のとき b は $b = \dfrac{30 \times 10}{30 - 10}\,\mathrm{cm} = 15\,\mathrm{cm}$ と計算される．

参考 **レンズの公式** レンズの公式 (7.6) は符号を含め，一般に凸レンズ，凹レンズの場合に成り立つ．すなわち，a は入射光線の進む向きと反対向きを正とし，b は入射光線の進む向きを正とする．また，凸レンズのときには $f > 0$ とし，凹レンズのときには $f < 0$ とすればよい．

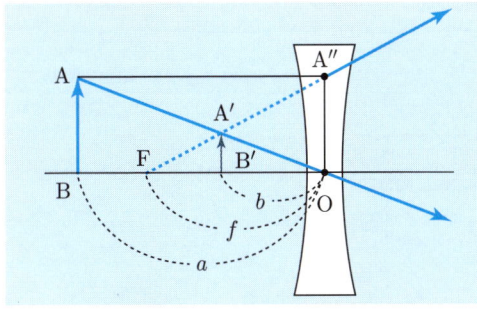

図 7.20　凹レンズを通る光線の経路

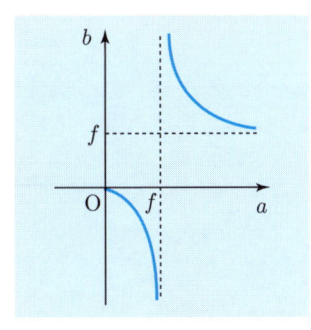

図 7.21　a の関数としての b

虫眼鏡 (拡大鏡)　図 7.21 (p.99) で，a が f より小さいと b は負となり，物体の虚像はレンズに対し物体と同じ側に生じる．$b<0$ が成立するので $b=-|b|$ とおくと，交線の進み具合は図 7.22 で示される．焦点は光軸上に 2 点ありレンズの中心 O から焦点に至る距離はともに等しく焦点距離 f である．この場合，小さなものを拡大して見ることができるので，それを**虫眼鏡**という．

倍率　物体 AB をレンズを通して見ると A′B′ のようになる．この種の問題を扱うとき目の明視距離を導入すると便利である．明視距離とは疲れずに物体をもっともよく見える距離で約 25 cm である．以下，この明視距離を D と書く．物体の虚像が明視距離 D のところにできたとし，明視距離にある物体を直接見たときの視角を ω，虫眼鏡を通して見たときの視角を ω' とする．この場合

$$m = \frac{\tan\omega'}{\tan\omega} \tag{7.9}$$

で定義される m を**倍率**という．目を虫眼鏡につけて見る場合には図 7.22 からわかるように，△OAB と △OA′B′ とは相似であるから

$$m = \frac{\text{A}'\text{B}'}{\text{AB}} = \frac{D}{a} \tag{7.10}$$

である．一方，レンズの公式から

$$\frac{1}{b} = \frac{1}{f} - \frac{1}{a}, \quad \frac{1}{|b|} = \frac{1}{a} - \frac{1}{f} \quad \therefore \quad \frac{1}{a} = \frac{1}{f} + \frac{1}{|b|}$$

と書け，$|b|=D$ に注意すれば

$$m = \frac{D}{f} + 1 \tag{7.11}$$

となる．目をレンズの焦点において見るときには，例題 7 で学ぶように倍率として D/f が得られる．このように，虫眼鏡の倍率は目の位置に多少異なるが，ふつうは $D \gg f$ であるので，虫眼鏡の倍率は D/f であるとしてよい．

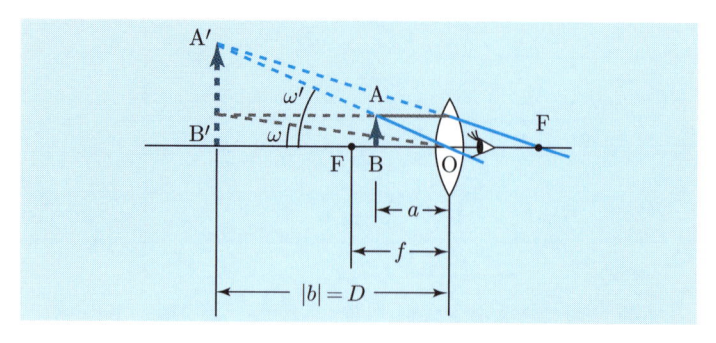

図 7.22　虫眼鏡 (目をレンズにつける場合)

7.6 レンズの公式

例題 7 虫眼鏡で物体を拡大するとき目を虫眼鏡の焦点において見るとする．このときの倍率は

$$\frac{D}{f}$$

であることを示せ．ただし，D は明視距離，f は焦点距離である．

解 図 **7.23** のように視角 ω, ω' を定義すると (7.9) と同様，倍率 m は

$$m = \frac{\tan\omega'}{\tan\omega}$$

で定義される．図のように目の位置を点 E とすれば $\mathrm{A'B'} = \mathrm{EB'}\tan\omega'$, $\mathrm{AB} = \mathrm{EB'}\tan\omega$ となり，したがって

$$m = \frac{\mathrm{A'B'}}{\mathrm{AB}}$$

が成り立つ．$\triangle\mathrm{OAB}$ と $\triangle\mathrm{OA'B'}$ とは相似であるから

$$\frac{\mathrm{A'B'}}{\mathrm{AB}} = \frac{|b|}{a}$$

と書ける．一方，レンズの公式 (7.6) (p.98) により

$$\frac{1}{a} - \frac{1}{|b|} = \frac{1}{f} \qquad \therefore \quad m = \frac{|b|}{f} + 1$$

となる．図から $D = |b| + f$ で，$m = D/f$ が導かれる．

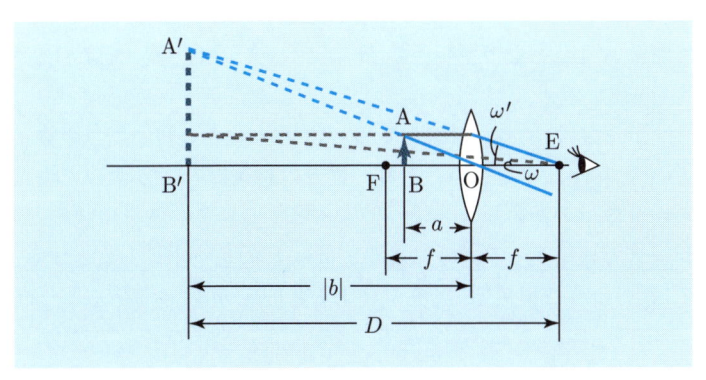

図 **7.23** 虫眼鏡 (目をレンズの焦点におく場合)

参考 **色収差** 単純な凸レンズを使うと光の分散のため，実物とは異なる色がついてしまう．これを**色収差**という．色収差を除くにはクラウンガラスの凸レンズとフリントガラスの凹レンズとを組み合わせたレンズを用いる．それを**色消しガラス**という．光学器械のレンズは，この種の色消しレンズであると思ってよいだろう．

7.7 光学器械

幾何光学の応用　光の反射や屈折は幾何光学で理解される．このような幾何光学の応用例は鏡，眼鏡，カメラ，顕微鏡，望遠鏡，ビデオカメラなど多種多様があり，これらを**光学器械**という．

カメラ　凸レンズによって対象物の実像を作り，この映像をフィルム上に記録するというのがカメラの原理である．1枚のレンズでは，球面収差や色収差があるので実際の写真レンズでは，何枚かのレンズを組み合わせて，広い範囲の視野が鮮明にうつるよう工夫してある．最近のカメラは光学器械というより電子機器といった方が適当であろう．

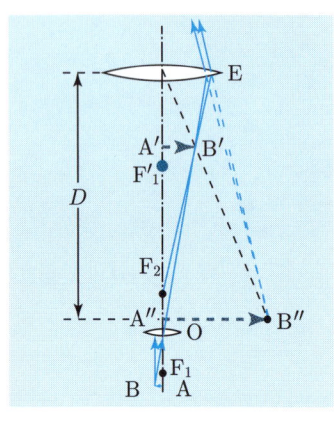

図 7.24　顕微鏡

顕微鏡　顕微鏡は**対物レンズ**，**接眼レンズ**という2種類の凸レンズから構成されている．図 7.24 のように，物体 AB は焦点距離の小さな対物レンズ O の近くにおかれ，拡大された実像 A′B′ ができる．これを接眼レンズ E でさらに拡大して虚像 A″B″ として明視距離 D に見る．図で F_1, F_2 は O の焦点，F_1' は E の焦点を表す．

望遠鏡　望遠鏡は長い焦点距離 f_1 の対物レンズ O と短い焦点距離 f_2 の接眼レンズ E を組み合わせたものである．遠方の対象物の実像は O の焦点 F 近傍に生じるが，簡単のため焦点に像ができるとする．この像を虫眼鏡と同じ原理で接眼レンズで観測するが，O による実像は E の焦点上にあるとする．この結果，図 7.25 のように視角 ω, ω' を定義すると倍率 m は $f_1 \tan\omega = f_2 \tan\omega'$ を利用し

$$m = \frac{\tan\omega'}{\tan\omega} = \frac{f_1}{f_2} \tag{7.12}$$

となる．この**ケプラー式望遠鏡**は倒立像なので天体望遠鏡に適している．

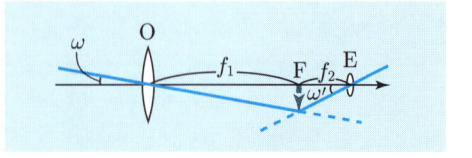

図 7.25　望遠鏡

7.7 光学器械

例題 8 焦点距離 40 cm の対物レンズと焦点距離 0.8 cm の接眼レンズから構成される望遠鏡の倍率を求めよ.

解 (7.12) を使い, 望遠鏡の倍率は

$$\frac{40}{0.8} \text{倍} = 50 \text{倍}$$

と計算される.

[参考] **光学顕微鏡と電子顕微鏡** 光は波であるから, その波長より小さな物体は認識できない. 2004 年から 1000 円札のデザインとして使われている野口英世の最後は悲劇的で, 黄熱病の研究中, この病気に感染し, ついには一生を閉じることになってしまった. 野口英世は, 黄熱病の病原体を突き止めようとして不眠不休の努力を払った. しかし, 残念ながら病原体を発見することはできなかった. これは野口英世の努力が足りなかったためではなく, 病原体が小さすぎて当時のどんな高倍率の顕微鏡を使っても見えなかったという事情による.

現在では黄熱病の病原体は知られていてウイルスの一種である. ウイルスの代表例はタバコモザイク病の病原体で, 図 7.26 のような構造をもつ. すなわち, このウイルスは幅 15 nm, 長さ 300 nm 程度の大きさである. 可視光の波長は $0.4\,\mu$m から $0.8\,\mu$m でこれを nm に換算すると $1\,\mu = 10^3$ nm を用いて 400 nm から 800 nm となる.

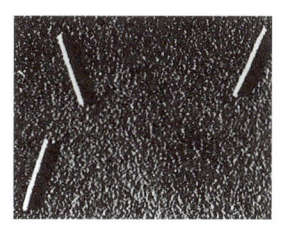

図 7.26 タバコモザイク病ウイルス

光学顕微鏡の限界は意外な方面から破られた. 電子は波の性質をもつことが明らかとなり, これを利用した顕微鏡が作られた. 電子は電荷をもつため, 電場や磁場内で進む向きが変えられ, 光がレンズで曲げられるのと同じような性質をもつ. これを利用した電子レンズが作られ, 1932 年に電子顕微鏡が実用化された. 現在では, 電子を加速する電圧も 100 万 V 程度にでき, 倍率も 2 万倍から 150 万倍に高めることができる. 図 7.26 はこの種の電子顕微鏡を使った写真である. 近年, nm というスケールの技術が発達し**ナノテクノロジー**と呼ばれている. 電子顕微鏡はこの方面でも欠かせない観測手段である.

[補足] **ガリレイ式望遠鏡** 対物レンズに凸レンズを, 接眼レンズに凹レンズを用いた望遠鏡を**ガリレイ式望遠鏡**という. ガリレイ (1564-1642) はイタリアの学者で 1609 年望遠鏡を製作した. ガリレイ望遠鏡は正立像が得られるが, 視野が狭く現在ではオペラグラスなどに使われる. ガリレイは自身の作った望遠鏡を使い, 月のクレーターの存在, 木星の 4 大衛星, 土星の輪などを発見した.

演習問題 第7章

1. 空気に対する水の屈折率は 1.33 である．空気中から水中に入射角 $60°$ で光が入射する場合の屈折角を求めよ．

2. 屈折率 1.50 のガラスの中での光の速度は何 $\mathrm{m \cdot s^{-1}}$ となるか．また，真空中での波長 500 nm の光のこのガラス中における振動数および波長はいくらか．

3. 水中の光源 P から発した光が空気中に屈折される場合 $\theta > \varphi$ が成り立つので，角 φ がある値 φ_c に達すると θ は $\pi/2$ となる（図 7.27）．φ が φ_c より大きいと $\sin\theta > 1$ となって，これを満たす θ は存在しない．そのため，光源 P から出た光は空気中に出ることなく，境界面で全部反射される．この現象を**全反射**，角 φ_c を**臨界角**という．臨界角と屈折率との関係を導け．

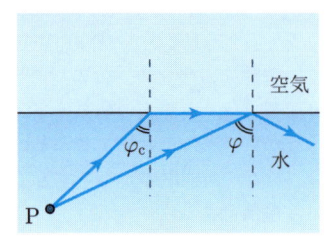

図 7.27　全反射と臨界角

4. 光の直進，反射，屈折などホイヘンスの原理を使って説明せよ．

5. 近視の人が凹レンズの眼鏡をかける理由を述べよ．

6. ヤングの実験において，$d = 1\,\mathrm{mm}$, $D = 1\,\mathrm{m}$, $\lambda = 400\,\mathrm{nm}$ とする．干渉じまの明線間の間隔はいくらか．ただし，$1\,\mathrm{nm} = 10^{-9}\,\mathrm{m}$ である．

7. 薄膜において
$$d = 200\,\mathrm{nm}, \quad n = 1.33, \quad \lambda = 500\,\mathrm{nm}$$
とする．この場合の光の干渉について論じよ．

8. 焦点距離 20 cm の凸レンズの前方 15 cm のところに，光軸に垂直に長さ 2 cm の物体がある [図 7.28(a)]．像の位置，倍率，正立倒立の別，実像虚像の別，像の大きさを求めよ．また，同図 (b) で示すように，同じ焦点距離の凹レンズの場合にどうなるかについて解答せよ．

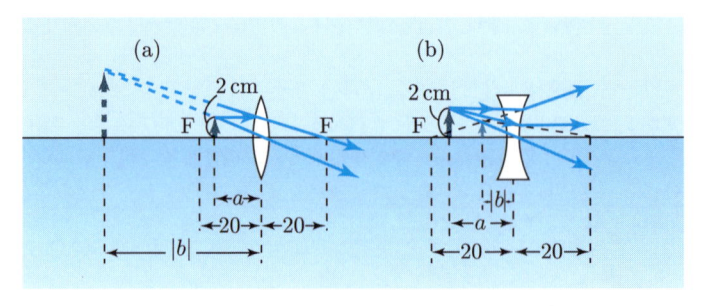

図 7.28　(a)　凸レンズ　(b)　凹レンズ

第8章

光と電磁波

　光は電磁波の一種であり，波長 $0.38\,\mu\mathrm{m}$ から $0.77\,\mu\mathrm{m}$ までの一群を表す．電磁波はその波長によっていくつかの種類に分類される．大ざっぱにいって波長 $10^{-4}\,\mathrm{m}$ 以上の電磁波は電波で，波長がそれより短いと赤外線，可視光線，紫外線，X 線，γ 線に分類されている．電磁波の特徴の 1 つとして偏波があり，光の場合には偏光と呼ばれる．偏光は立体映画などに利用される．原子の出す光は，その原子に特有な構造を示す．これを利用して干渉性の強い光を発生する装置がレーザーであり，その原理について簡単に触れる．電磁波はエネルギーを運ぶ．その具体的な例として太陽光の応用に関して定量的な議論を行う．

本章の内容

- 8.1 電磁波の分類
- 8.2 電波の伝わり
- 8.3 偏波と偏光
- 8.4 レーザーの原理
- 8.5 電磁波のエネルギー
- 8.6 太陽光の応用

8.1 電磁波の分類

電磁波　電磁波については 6.5 節で触れたが，電磁波は波の速さ，波長，周波数 (振動数) などで記述される波動の一種である．z 軸に進行する正弦波の電磁波の場合，ある瞬間での電磁波の様子を図 8.1 に示す．すなわち，電場 E は x 方向，磁場 H は y 方向に生じ，時間がたつにつれ全体のパターンが矢印の向きに光速で進んでいく．電磁波の進む速さは波長によらず一定で，ほぼ毎秒 30 万 km $= 3 \times 10^8$ m の程度で音波に比べ百万倍も速い．正確には，真空中の光速は

$$c = 299\ 792\ 458\,\text{m}\cdot\text{s}^{-1} \tag{8.1}$$

と定義され，s や m を決める基礎となっている．波長 λ，周波数 f の電磁波では

$$c = \lambda f \tag{8.2}$$

の関係が成り立つ．光は右ページに示すように電磁波の一種である．

電磁波の分類　宇宙は物質と放射から構成される．放射とは電磁波で，これは身のまわりにあふれた存在である．電磁波は波長の大きさにより図 8.1 のように分類される．ここで 10^{-4} m 以上の波長をもつ電磁波が**電波**で，英字による呼び方は国際電気通信条約無線規定に基づいている．電波のうち中波，短波はラジオに使われている．ラジオ放送は 1920 年にアメリカで，日本でも 1925 年 (大正 15 年) に始められた．第二次世界大戦中，我が国では短波の受信が法律で禁止されていた．海外からの情報が短波では入手できるためである．VHF，UHF はテレビや携帯電話に利用される．可視光の領域は 0.38 μm の紫色から約 0.77 μm の赤色の範囲だが，その限界および色の境界には個人差がある．可視光より波長が長く 10^{-4} m までの波長をもつ電磁波を赤外線，遠赤外線という．赤外線は物質に吸収されその温度を上げるような熱作用が大きいので，別名，熱線とも呼ばれる．赤外線はまたテレビのリモコンなどに使われる．可視光線より短い波長をもつ電磁波は図 8.2 のように，紫外線，真空紫外線，X 線，γ 線などと呼ばれる．

マイクロ波　波長が 10^{-4} m から 1 m の範囲をもつ電磁波を**マイクロ波**といい，著者の学生時代から花形の分野で同名の講義があったくらいである．マイクロ波は日常生活と密接に関係している．例えば，電子レンジの電波の周波数は国際的に 2.45 GHz (1 GHz $= 10^9$ Hz) と決められていて，これを波長に換算すると約 12 cm となる (例題 1)．

8.1 電磁波の分類

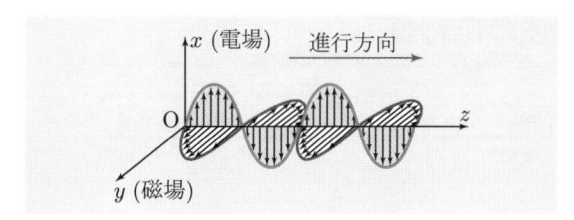

図 8.1 電磁波

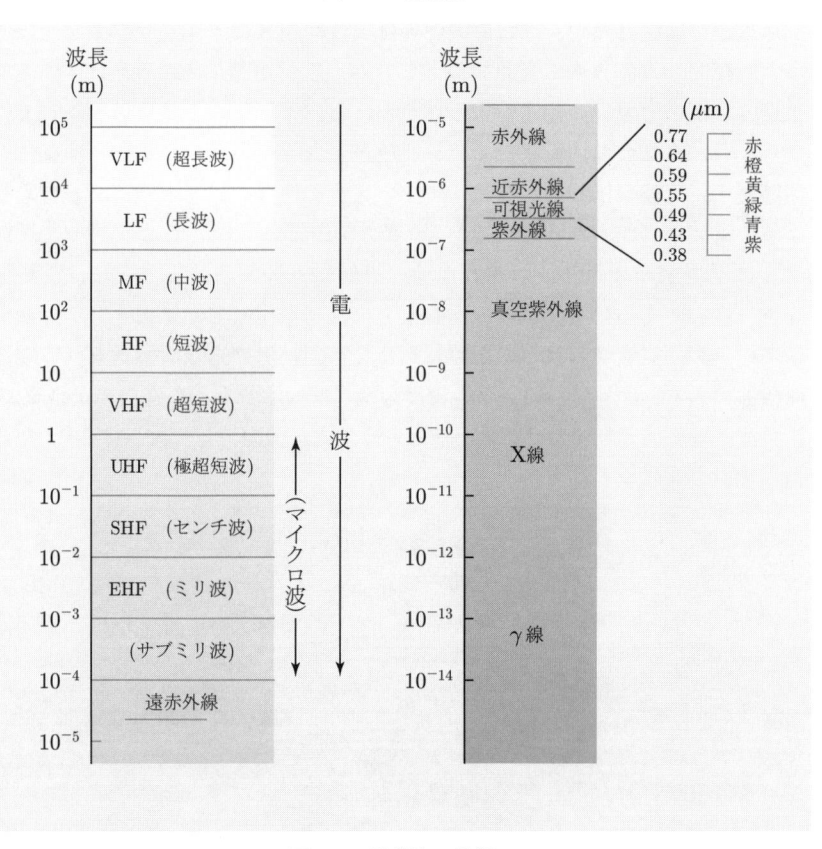

図 8.2 電磁波の分類

例題 1 電子レンジに利用される $2.45\,\text{GHz}$ のマイクロ波の波長を求めよ．

解 (8.2) を使い波長 λ は次のように計算される．
$$\lambda = \frac{3 \times 10^8}{2.45 \times 10^9}\,\text{m} = 0.12\,\text{m}$$

8.2 電波の伝わり

ラジオの聞こえ方　1953 年にテレビ放送が始まったが，それ以前はニュース，スポーツ，歌・落語・講談などの娯楽の情報源はもっぱらラジオに頼っていた．短波では外国に情報が伝わってしまうため，戦時中は短波の受信が禁止されていた．第二次世界大戦の末期，アメリカ軍はサイパン島を占領し日本向けのラジオ放送を開始したが，これについては演習問題 3 で学ぶ．ラジオを聞いていると，夜間，短波放送で昼間聞こえない外国放送が聞こえたり，日本国内でも東京で札幌や鹿児島の放送が入ることがある．このような現象はテレビでは起こらない．すなわち，東京でのテレビ放送が大阪で視聴されることはない．

電離層　電波の伝わりが波長によって大きく違うのは，上空にある**電離層**によって電波が反射されるためである (図 8.3)．特に，短波では F 層で全反射のように電波が繰り返し反射され地球の裏側にも達する．昼と夜では電離層の高さに違いがあるので，電波の伝わり方にも差が生じる．送信アンテナから受信アンテナが見渡せるほどの距離にあるとき，前者から後者へ送られる電波が**直接波**である．大地に沿い，ときには大地に反射されながら進むのが**地表波**で，直接波と地表波とを合わせて**地上波**という．我が国のテレビ放送は 2011 年から地上デジタルになることが決まっている．

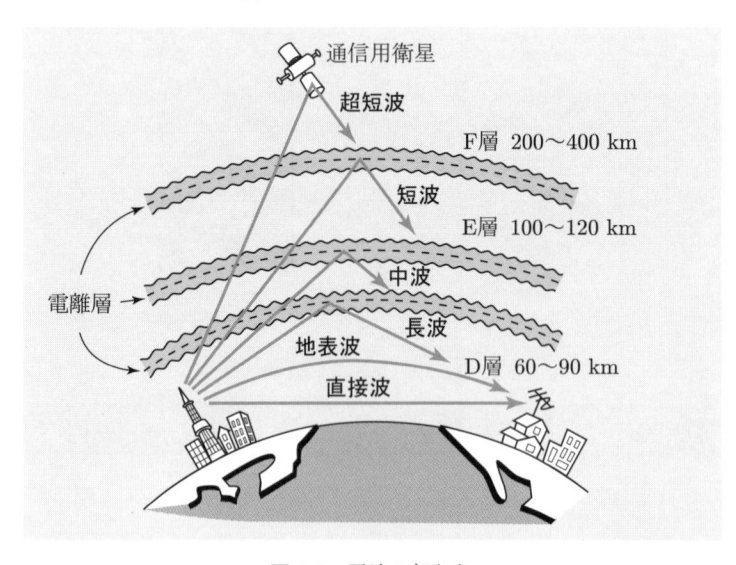

図 8.3　電波の伝わり

8.2 電波の伝わり

参考 **通信用衛星** 人工衛星を赤道に沿って西から東へ打ち上げ，その周期をちょうど 1 日にすると衛星は地球から見たとき，いつも静止しているように感じる．その高さは約 3.6×10^4 キロメートルである．このような衛星は**通信用衛星**と呼ばれる．テレビ通信に使われる電波は波長が短いため光と似た性質をもち，直進して物体の裏には到達しない．このため，大きな建物や山があるとその裏には電波は通じない．これは一種の電波障害である．ところが，地上から発した電波を通信用衛星で一度受信し，その受信電波を再び地球上に送信すれば，電波障害なしに電波を全国に送れることになる．最初，放送大学に赴任して「光と電磁場」という題目でビデオを製作したとき，このような計画を入れたことがあった．後になって実際，このような意味での放送大学の全国化が実現したため，ビデオを作り直した経験がある．

電磁波の応用

マクスウェル (1831-1879) はイギリスの物理学者で，1864 年に彼の理論に基づき真空中の電磁場が音波と同様な方程式に従うことを発見した．すなわち，電磁波の存在を理論的に予見したのである．ところで，マクスウェル理論がすぐに一般に受け入れられたわけではない．しかし，電磁波の存在が，1888 年ヘルツにより実験的に検証されマクスウェル理論が信頼されるにいたった．マクスウェル自身はガンのため 48 歳の若さで死去したが，せめて 60 歳まで長生きしていれば電磁波の実証に遭遇できたことになる．ヘルツの実験を受け，イタリアのマルコーニは 19 世紀の終わり頃，無線通信の実用化に成功した．従来，情報伝達に手旗信号を使っていた日本海軍は無線通信へと方針転換した．その成果があったのか，1905 年の日本海海戦では信濃丸の発した「敵艦見ユ」という電文が日本海軍に大勝利をもたらした．太平洋戦争でも「トラ・トラ・トラ」という電文が奇襲成功の隠語として使われた．同じ名前の映画もあった．1942 年ミッドウェー海戦で日本軍は米国軍に敗れたが，その陰には情報戦での劣勢があったという．実際，戦時中 B29 が偵察に東京上空に現れると，B29 が去るときになって「敵機帝都上空ニ侵入シツツアリ」といったいささか間の抜けた情報が流された．

電波は戦時中，兵器として使われ電波兵器という言葉さえ生まれた．1965 年にノーベル物理学賞を受賞した朝永，シュウィンガー，ファインマンのうち，朝永，シュウィンガーの二人は戦時中レーダーに使うマグネトロンの研究を同じようにしていたという話を朝永先生自身から聞いた記憶がある．戦後，マグネトロンの発する電磁波は電子レンジとして大活躍した．この場合の電磁波の波長は国際的に決まっており，所帯普及率は 90% に達するとのことでほぼ 1 軒に 1 台の割合で電子レンジが利用されている．「チンする」という妙な言葉が日本語として通用する時代となった．1953 年にテレビ放送が始まったが，携帯電話やカーナビなど，電磁波の普及も著しい．携帯電話では 800 MHz (波長約 38 cm) 帯または 1.5 GHz (波長 20 cm) 帯のマイクロ波が利用されている．カーナビはアメリカ国防省の衛星システム GPS (Global Positioning System) を利用して，周波数 1575.42 MHz (波長約 19 cm) のマイクロ波を使っている．

8.3 偏波と偏光

偏波と偏光　電磁波では電場と磁場は垂直で，電場から磁場の方向に右ネジを回したときネジの進む向きに電磁波は伝わる．図 8.1 (p.107) のように，電場が x 軸方向に生じる電磁波をその方向の**直線偏波**といい，特に光の場合には**直線偏光**と呼ばれる．また，電場と進行方向とを含む平面を**偏光面**という．自然光では，電場の振動方向は波の進行方向と垂直な面内でまったくでたらめである (図 8.4)．したがって，自然光はある特定な方向の直線偏光というわけではない．

偏光板　偏光板という特殊な板があり，図 8.5 のように自然光を偏光板にあてると，透過した光は偏光板に特有な方向の直線偏光となる．偏光板にはある種の軸が付随しており，自然光を偏光板にあてるとこの軸に沿った偏光となる．この軸を**偏光軸**という．

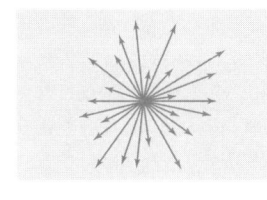

図 8.4　自然光 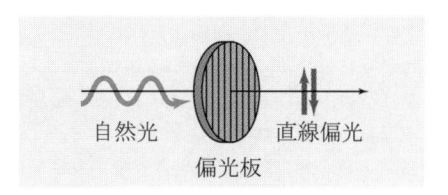　　　　　　図 8.5　偏光板

2 枚の偏光板　2 枚の偏光板 A, B の偏光軸を平行にしたとき［図 8.6(a)］と両者を直角にしたとき［図 8.6(b)］反対側を見ると，図のように明暗のパターンが観測される．これは偏光板は偏光軸に平行な直線偏光は通すが，両者が垂直だと透過させないためである．

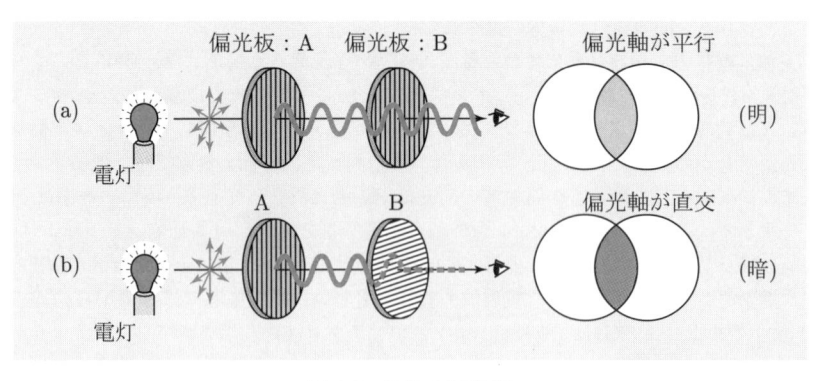

図 8.6　2 枚の偏光板

補足　立体映画の原理　人が物体を見て立体として認識するのは右目で見る像と左目で見る像とが若干違うためである．そこで右目で見る光を上下方向の直線偏光，左目で見る光を水平方向の直線偏光として映画を撮り，それに相当する偏光板の眼鏡で映画を見ると立体感が得られる．これは，いわゆる立体映画の原理である．

参考　旋光性　物質中を直線偏光が通過するとき，偏光面を回転させるような物質の性質のことを**旋光性**という．図 8.7 に示すように，z 軸の正方向に進む光に対し，時計まわり（負の向き）の場合を**右旋性**，逆に反時計まわり（正の向き）の場合を**左旋性**という．磁場を加えたときにも偏光面が回転するが，これを**ファラデー効果**という．旋光性は磁場がなくても起こる現象で，その点を明確にするため自然旋光という用語も使われる．タンパク質のように左旋性のものばかり，核酸のように右旋性のものばかりが偏在することが知られている．

例題 2　x, y, z 軸に沿う単位ベクトル（大きさ 1 のベクトル）を**基本ベクトル**といい，i, j, k と表す．k 方向に進む電磁波に対し次式

$$E = iE_0 \cos\omega t + jE_0 \sin\omega t$$

の電場は，xy 面上で正の向きに円を描くような光であることを示せ（図 8.8）．これを**円偏光**という．また，xy 面上で負の向きの円偏光はどのような式で表されるかについて論じよ．

解　上式から電場の x, y 成分は

$$E_x = E_0 \cos\omega t, \quad E_y = E_0 \sin\omega t$$

と書ける．t が 0 から増加し $\omega t = 0$，$\pi/2$，π，$3\pi/2$，2π となると，E は図 8.8 で A → B → C → D → A と点 O を中心とする半径 E_0 の角速度 ω の等速円運動を行う．さらに時間がたつと，同じ運動を繰り返し与式が円偏光を表すことがわかる．xy 面上で負の向きの円偏光の場合には与式の j の符号を逆にすればよい．すなわち

$$E = iE_0 \cos\omega t - jE_0 \sin\omega t$$

は負の向きの円偏光を記述する．

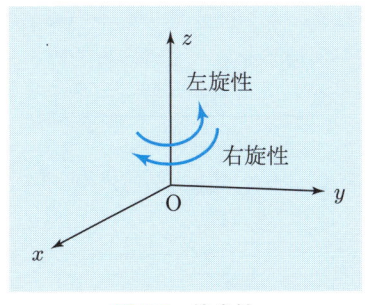

図 8.7　旋光性

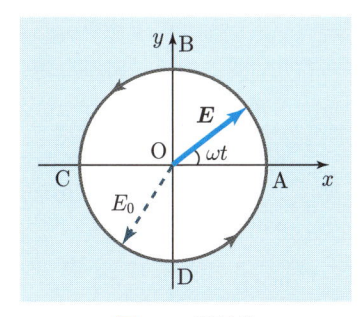

図 8.8　円偏光

8.4 レーザーの原理

電波と光の違い　電波も光も同じ電磁波で，両者の違いはただ波長の大小だけのように思われる．しかし，両者には下記のような基本的な相違がある．まず，アンテナから出る電波は長く続くきれいな正弦波で，容易に干渉を起こす．この種の波を**干渉性**(コヒーレント)であるという．これに反し，通常の光源から出る光は位相がでたらめで，その長さも数 10 cm 以下という切れ切れの波である．このような波は干渉を起こさないので**非干渉性**(インコヒーレント)であると呼ばれる．第 7 章で述べたヤングの実験 (p.88) で S_1, S_2 として別々の光源を用いたとすると，互いの波の位相はまったく無関係なため光の干渉は起こらない．ヤングの実験で干渉が起こるのは同じ光源からの同位相の光を 2 つにわけるからである．干渉性の強い光を人工的に作る装置はレーザーである．

光の非干渉性　図 **9.1** (p.121) の水素放電管を例にとり，ふつうの光が非干渉性である理由を考えよう．電極に電圧をかけると，電圧の効果で気体分子の一部が電離し原子中の電子は原子核からの束縛を逃れ，管中で電圧のため加速される．この電子が他の原子に衝突すると，原子は電子からエネルギーを受けとり，高準位のエネルギー状態になる．この状態は不安定なので自然に低準位の状態に移り，その際，光を発する．加速された電子はまったく偶発的に原子と衝突するから，上の過程で放出される光も偶然に支配される．放電管から出る光はこのような乱雑な光の集まりであるからきれいな正弦波になるはずがなく，非干渉性となる．

逆転分布とレーザー　原子 (または分子) の集団に外部から光をあてると，低準位にある原子が光からエネルギーをもらい高準位の状態に移って，高準位にある原子の数が低準位にあるものより多くなる．このような分布は，熱平衡のときと逆の傾向をもつので**逆転分布**と呼ばれる．レーザーでは原子の集団に放電管からの強い光を絶えず浴びせ逆転分布を実現させる．この操作を**ポンピング**という．ポンピングにより高準位になった原子の一部が自然放出により光を出すと，この光が同じ状態にある次の原子に作用し誘導放出を起こさせる (右ページの参考)．このような誘導放出が連鎖的に起こり，光は次第に強められていく．誘導放出で出る光の位相は入ってくる光の位相と連続的につながっているので，上述の過程で位相のそろった強い光が得られる．このような光が**レーザー光**で，この光は各種の物理実験，医療，照明など広い分野で利用されている．

8.4 レーザーの原理

補足 **レーザーの語源** レーザー (laser) とは Light Amplification by Stimulated Emission of Radiation の頭文字をとったものである．

参考 **自然放出と誘導放出** 原子間の相互作用を無視すると，そのエネルギーは次のような性質をもつことが知られている．すなわち，原子内の電子のエネルギーは勝手な値をとるのではなく，図 8.9 に示すようにその原子に特有なとびとびの値

$$E_1, E_2, E_3, \cdots, E_n, \cdots$$

のいずれかの値をとる．そして，この状態では光の放出を行わない．このような状態を**定常状態**という．また，上の $E_1, E_2, \cdots$ などを**エネルギー準位**

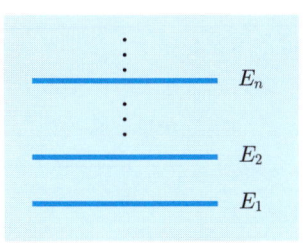

図 8.9　エネルギー準位

という．エネルギー準位を表すのにふつう水平線を引き，上にいくほどエネルギーが大きくなるようにする．原子がある状態から他の状態に遷移すると，そのエネルギー差に相当する光子が放出される．両者の関係については 9.3 節で述べる．

　光が放出される過程には次の 2 種類がある．1 つは，外界に光子がなくても遷移によって 1 個の光子が放出される過程で，**自然放出**と呼ばれる．他の 1 つは**誘導放出**で，この過程では外界にあらかじめ光子が存在するとき，単位時間当たりの放出の確率は外界にある光子の数に比例する．

補足 **ボルツマン分布** 原子間の相互作用は小さいとして無視する．このような独立な原子の集団がもつ統計的な性質を調べるのが**統計力学**の 1 つの目的である．統計力学の結果として，原子が多数あり，全体として熱平衡状態が実現しているとき，あるエネルギー E_n を占める原子の割合 (あるいは確率) p_n は

$$p_n = A \exp\left(-\frac{E_n}{k_\mathrm{B} T}\right)$$

と表される．ただし，A は適当な定数，k_B は気体定数をモル分子数で割ったものに等しく

$$k_\mathrm{B} = 1.38 \times 10^{-23}\,\mathrm{J \cdot K^{-1}}$$

のボルツマン定数，T は体系の絶対温度である．上記のような確率分布を**ボルツマン分布**という．ボルツマン分布では $E_m > E_n$ なら $p_m < p_n$ である．すなわち，高準位にある原子数は低準位にあるものより少ない．レーザーのように，ポンピングにより外部からエネルギーを供給し，高準位にある原子数が低準位にあるものより多くなる場合には熱平衡のときと逆の状況になる．この様子をボルツマン分布で無理に表すためには絶対温度 T が負になるとすればよい．こうして，レーザー光を記述するのに負の温度という概念を使う．もちろん，実際の温度が負になるのではなく逆転分布が負の温度で表されるという意味である．

8.5 電磁波のエネルギー

放射エネルギー　電場と磁場とを合わせて**電磁場**という．あるいは，電磁場とは電場とか磁場が発生しているような空間を指すことがある．電磁場中に任意の閉曲面Sをとり，その中の領域をVとする．V中に何個かの電池があるとき，この電池が単位時間当たりにする仕事は，マクスウェルの理論により

$$(電池のする仕事) = (電磁場のエネルギーの増加分) + (ジュール熱)$$
$$+ (放射エネルギー) \tag{8.3}$$

と書けることが示される．一般的なエネルギー保存則によると，右辺は単位時間当たりの領域V内のエネルギー増加量を表している．電磁場には，電磁場のエネルギー，熱エネルギー以外の形のエネルギーは存在しないから，(8.3)の右辺第3項は領域Vから外部へ単位時間当たりに流れ出るエネルギーであると考えられる．このような理由でそのエネルギーを**放射エネルギー**という．

ポインティングベクトル　放射エネルギーの具体的な形は右ページの参考に示すが，このエネルギーは

$$\boldsymbol{S} = \boldsymbol{E} \times \boldsymbol{H} \tag{8.4}$$

というベクトルで記述される．(8.4) を**ポインティングベクトル**という．ポインティングベクトルは電磁気的なエネルギーの流れを表す．すなわち，エネルギーは $\boldsymbol{S}$ の向きに移動し，単位時間中に $\boldsymbol{S}$ と垂直な単位断面積を通過するエネルギーの量が S に等しい (図 **8.10**)．

電磁波のエネルギー　図 **8.1** (p.107) に示した x 軸方向の偏波は

$$E_x = E \sin \omega \left(t - \frac{z}{c} \right) \tag{8.5}$$

$$H_y = c\varepsilon E \sin \omega \left(t - \frac{z}{c} \right) \tag{8.6}$$

と表される (右ページの補足)．$\boldsymbol{S} = \boldsymbol{E} \times \boldsymbol{H}$ は電磁波の進行方向と一致するので，電磁波は進む方向にエネルギーを運ぶ．$\boldsymbol{S}$ の大きさ S は $S = E_x H_y$ と書け

$$S = c\varepsilon E^2 \sin^2 \omega \left(t - \frac{z}{c} \right) \tag{8.7}$$

となる．上式の右辺は時間変化するが，交流の場合の電力 (p.44) と同様，T にわたる時間平均をとる．この平均を $\langle\ \rangle$ で表すと次式が成り立つ．

$$\langle S \rangle = \frac{c\varepsilon E^2}{2} \tag{8.8}$$

8.5 電磁波のエネルギー

参考　放射エネルギー　放射エネルギーはマクスウェルの理論とガウスの定理により
$$\int_V \mathrm{div}\, \boldsymbol{S}\, dV = \int_S S_n\, dS$$
と表される．ここで，S_n は，表面 S の内から外へ向かう法線方向の $\boldsymbol{S}$ の成分である．もし，$\boldsymbol{S}$ のかわりに電流密度 $\boldsymbol{j}$ をとると，上式右辺は単位時間中に表面 S を通り領域 V から外部へ流れ出る電荷量を表す．したがって，電荷をエネルギーで置き換えれば $\boldsymbol{S}$ は $\boldsymbol{j}$ と同様な意味をもち，本文で記したようなことが成り立つ．

補足　(8.5), (8.6) の関係　z 軸に沿って進む図 8.1 (p.107) のような電磁波を想定し
$$E_x = E \sin\omega\left(t - \frac{z}{c}\right), \quad H_y = H \sin\omega\left(t - \frac{z}{c}\right) \tag{1}$$
とおく．マクスウェルの方程式の 1 つ
$$\mathrm{rot}\, \boldsymbol{H} - \varepsilon \frac{\partial \boldsymbol{E}}{\partial t} = 0 \tag{2}$$
に注目する．(2) の x 成分に (1) を代入すると
$$\frac{\omega}{c} H \cos\omega\left(t - \frac{z}{c}\right) - \varepsilon \omega E \cos\omega\left(t - \frac{z}{c}\right) = 0 \tag{3}$$
となる．(3) から $H = c\varepsilon E$ が得られ (8.5), (8.6) が導かれる．

例題 3　z 軸に沿い原点 O におかれた電気双極子 $\boldsymbol{p}$ が角振動数 ω で単振動する．また，波数 k を $k = \omega/c$ で定義する．図 8.11 のような点 P を考えると，電気双極子が放出する電磁波の $\boldsymbol{E}, \boldsymbol{H}$ は図に示す向きをもち，$kr \gg 1$ のとき
$$E_\theta \simeq -\frac{p\omega^2 \mu \sin\theta}{4\pi r} \cos(\omega t - kr), \quad H_\varphi \simeq -\frac{p\omega k \sin\theta}{4\pi r} \cos(\omega t - kr)$$
であることが知られている．ポインティングベクトル $\boldsymbol{S}$ を求めよ．

解　$\boldsymbol{S}$ は θ, φ が一定で r が増加する向きをもち，その大きさは次式で与えられる．
$$S = E_\theta H_\varphi \simeq \frac{p^2 \omega^3 k \mu \sin^2\theta}{(4\pi r)^2} \cos^2(\omega t - kr)$$

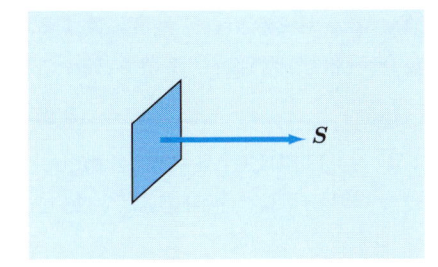

図 8.10　ポインティングベクトル 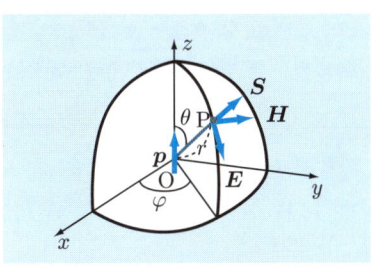　　　図 8.11　原点にある電気双極子

8.6 太陽光の応用

化石燃料の枯渇　地球は有限であるから，それに含まれる資源も当然有限である．いまのペースでエネルギーを使っていれば，石油は約40年，天然ガスは約70年，石炭は約200年で枯渇するだろうといわれている．このような化石燃料は燃焼の際，二酸化炭素が発生しそれに伴う地球の温暖化も憂慮されている．ウランは46億年前に地球誕生のもとになった宇宙のチリに含まれていたもので，再び作りだすことはできない．ウランも約70年で使い尽くすといわれている．

将来のエネルギー源　化石燃料やウランに代わるべきエネルギー資源として，太陽光発電，風力発電，地熱発電などが考えられ，一部は実用化されている．いまの化石燃料も結局は過去の太陽エネルギーを蓄えたものである．前からエネルギー問題は核融合で解決されるという話があった．核融合とは2つの原子核が融合して重い原子核に変換するとき，エネルギーが放出される現象で，恒星のエネルギーはこの種のエネルギーに依存している．核融合が成功した例は水素爆弾だけという話で，核融合の平和的利用はまだ実現されていない．核融合とはきわめて小規模な太陽を地上で作り出すことである．大規模な太陽がエネルギーを地球に送ってくれているのであるから，これを利用しないという手はない．

太陽定数　太陽はその表面から電磁波をまわりの空間に放射している．太陽は，光だけでなく赤外線・電波・紫外線・X線なども放射する．地球上の植物は，このエネルギーを利用して光合成を行う．地球上でわれわれは利用するエネルギーは多かれ少なかれ，その源を太陽エネルギーに仰いでいる．太陽エネルギーは地表に達する際，約60％は雲で反射されたり，地球大気中の水蒸気などに吸収されたりして，実際は，残りの約40％が地表に到達する．しかし，そういうことがないときとして，つまり太陽エネルギーが100％地表に達するとしたとき，地表で日光に垂直な$1\,\mathrm{m}^2$の部分が受ける太陽エネルギーは

$$1.37\,\mathrm{kW}\cdot\mathrm{m}^{-2} \tag{8.9}$$

と測定され，これを**太陽定数**という．$1\,\mathrm{W}\,=\,(1/4.19)\,\mathrm{cal}\cdot\mathrm{s}^{-1}$，$1\,\mathrm{min}\,=\,60\,\mathrm{s}$，$1\,\mathrm{m}^2=10^4\,\mathrm{cm}^2$を使えば，(8.9)はカロリー単位で毎分当たり，毎cm^2当たり

$$\frac{1.37\times 10^3 \times 60}{4.19\times 10^4}\frac{\mathrm{cal}}{\mathrm{cm}^2\cdot\mathrm{min}} = 1.96\,\frac{\mathrm{cal}}{\mathrm{cm}^2\cdot\mathrm{min}} \tag{8.10}$$

と計算される．

8.6 太陽光の応用

例題 4 太陽・地球間の距離 R を 1.5×10^{11} m とする.太陽は毎秒当たり,何 J のエネルギーを放射するか.すなわち,太陽の出力 P を求めよ.

解 図 8.12 のように,太陽を中心として,半径 R の球を考えよう.この球の表面上にある $1\,\mathrm{m}^2$ の部分を 1 s 間に通るエネルギーの値が太陽定数で,これは (8.9) により $1.37 \times 10^3\,\mathrm{W \cdot m^{-2}}$ に等しい.したがって,1 s 間に球全体を通りぬけるエネルギーは,これに球の表面積を掛ければ得られる.これは,また太陽が毎秒当たり周囲の空間に放射するエネルギーの総量に等しい.球の表面積 $4\pi R^2$ は

$$4\pi R^2 = 4\pi \times 1.5^2 \times 10^{22}\,\mathrm{m}^2 = 2.83 \times 10^{23}\,\mathrm{m}^2$$

であり,P は次のように計算される.

$$P = 1.37 \times 10^3 \times 2.83 \times 10^{23}\,\mathrm{W} = 3.88 \times 10^{26}\,\mathrm{W}$$

例題 5 一辺が 10 cm の立方体の容器の中に,水をいっぱいに入れた.日光が鉛直方向から 30°の角をなして水の表面にあたるとして次の問に答えよ.ただし,太陽エネルギーの 40 % が地表に達するとする.
(a) 毎分当たり,水に与えられる太陽エネルギーは何 cal か.
(b) 1 時間放置していたとき,水の温度は何度上がるか.ただし,水から熱が逃げないとする.

解 (a) 図 8.13 に示すように,日光と垂直な水面の断面積は $10 \times 10 \cos 30°\,\mathrm{cm}^2 = 86.6\,\mathrm{cm}^2$ である.仮定によりこの面積 $1\,\mathrm{cm}^2$ を通し 1 分間に $1.96 \times 0.4\,\mathrm{cal}$ の太陽エネルギーが加わるので,求める太陽エネルギーの値は次のようになる.

$$86.6 \times 1.96 \times 0.4\,\mathrm{cal \cdot min^{-1}} = 67.9\,\mathrm{cal \cdot min^{-1}}$$

(b) 容器中の水の質量はちょうど 1000 g である.1 時間の間に水に加わる太陽エネルギーは (a) の答を 60 倍すれば求まる.したがって,水の温度上昇を $t\,\mathrm{K}$ とすれば

$$1000\,t = 60 \times 67.9 \qquad \therefore \quad t = 4.1\,\mathrm{K}$$

と表される.

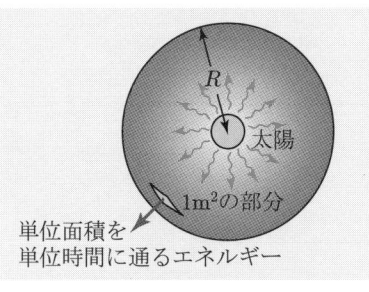

図 8.12 太陽エネルギーの計算法   図 8.13 太陽光にあてた水

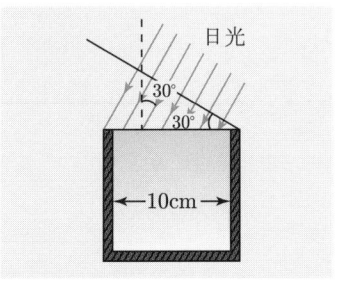

演習問題 第8章

1. 波長 1m の電磁波の周波数は何 Hz か.
2. 放送大学のラジオ FM 放送の周波数は 77.1 MHz である．この電磁波の波長は何 m か．
3. 第二次世界大戦の末期，サイパン島を占領したアメリカ軍は巨大な放送局を建設し，日本あてのラジオ放送を始めた．日本政府は国民に聞かせまいとして妨害電波を放送したが，逆に妨害電波の周波数を探ればサイパン放送の周波数がわかることとなった．著者はその周波数を探り当て夕方，放送の開始を待っていると午後6時アメリカの国歌が流れ，続いて英語のアナウンスメントがあった．断片的に Saipan とか ten ten kilocycle という言葉が聞きとれ，コールサインは KSAI (K はアメリカを表し，SAI は SAIPAN の略) ということがわかった．サイクル (cycle) は周波数の単位で，これは Hz と同じである．KSAI の発する電磁波は 1010 kHz であるが，この電磁波の波長を求めよ．
4. 地上から発した電磁波が通信用衛星に受信され，再び地上に達するまでの往復時間を計算せよ．
5. 振幅の等しい逆回りの2つの円偏光を合成すると直線偏光で表されることを証明せよ．一般に2つの円偏光の位相差の値により上の直線の傾きが異なってくることを示せ．
6. レーザー光は広がらず，細い線のように集まって進む性質をもつため，さまざまな目的に使われる．その利用方法について論じよ．
7. 原点 O に電磁波を放射する源があり，その出力を P とする．電磁波が球対称に広がるとすれば，半径 r の球面上を単位時間内に通過するエネルギーは，P を球面の表面積 $4\pi r^2$ で割ったものに等しい．このような考えから電場，磁場を計算し，例題3 (p.115) で述べた結果と比較せよ．
8. 前問で $P = 300\,\mathrm{kW}$ とする．電磁波が z 軸に沿って偏波していると，y 軸上で電場，磁場は図 8.14 のようにできる．(8.8) (p.114) が成立するとして $r = 1\,\mathrm{km}$ での E を求めよ．
9. 太陽光発電は9.2節で論じる光電効果を利用して太陽の光エネルギーを電気エネルギーに変換することを目的としている．太陽光発電について論じよ．

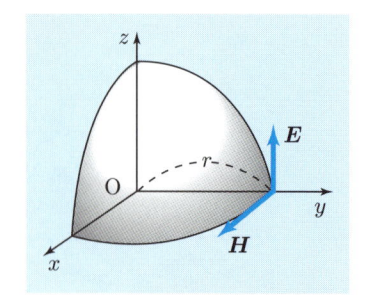

図 8.14 電磁波の伝わり

第9章

波と粒子

　光は反射・屈折・干渉・回折などの現象を示し，光の波動説は粒子説より優位であると思われた．7.2節 (p.88) で述べたヤングの実験はこれに拍車をかけた．光は元来，原子から放出されるもので本章では水素原子を例にその事情を説明してある．一方，太陽光発電 (前ページの演習問題9) では光電効果を利用しているが，波動説ではその解釈がつかない．この効果を説明するのが，いわば粒子説の復活でアインシュタインは1905年，光子の概念を提唱した．これは1900年プランクが唱えた量子仮説を拡張したものである．プランクはある温度におかれた電磁場のエネルギー分布を考察し現在プランクの放射法則と呼ばれる分布則を導出することに成功した．現在では，光は波であると同時に粒子であるとされている．

―― **本章の内容** ――
9.1　原子の出す光
9.2　光 電 効 果
9.3　量 子 仮 説
9.4　プランクの放射法則

9.1 原子の出す光

原子と光 　ふつう光は物質を構成する原子や分子から放出される．一例として水素原子の出す光を考えてみよう．水素は「燃える気体」と呼ばれるように，燃えやすい気体である．水素を燃焼させると淡青色の炎をあげ酸素と結合して水となる．特に水素 2，酸素 1 の体積比の混合気体は爆発的に燃焼する (燃焼というより爆発という方が適当である)．これは水素が恐れられる一因となっている．水素原子の出す光を調べるのは，水素の燃焼する光を対象にすればよいように思える．しかし，通常の状態の水素は水素分子になっているため，水素気体の燃える光は水素分子の出す光であり，原子からの光を見るには工夫が必要である．

真空放電 　水素原子の出す光を調べるには真空放電を利用する．気体をガラス管に入れ，その両端に陽極，陰極をつけて電流を流そうとしても電気抵抗が大き過ぎ電流は流れない．この事情は水の電気分解で純水のとき電気が流れないのと似ている．気体に電圧をかけると，分子や原子の電離の結果，気体中に電子が生じ，この電子は電圧のため加速される．気体中の分子や原子を電離するにはふつう数 V～数 10 V の電圧が必要で，この電圧をエネルギーに換算しこれを**電離エネルギー**という．気体分子が多数存在すると，電子は分子と頻繁に衝突して電流が流れない．気体中に電流を流すためには気体分子の数を減らす必要があり，真空ポンプで気体をひき，気体の圧力を 1000 分の 1 気圧とか 10000 分の 1 気圧程度とする．すなわち，容器中の気体分子の数を通常の場合の 1000 分の 1 とか 10000 分の 1 にする．また，電流を流そうとする電圧 V は数 1000 V という高電圧にする．このような真空放電管を利用して水素原子の出す光を調べる．図 9.1 は光の分散を利用してこの光を分析するための装置 (分光器) の原理を示し，基本的には図 7.15 (p.95) と同じものである．

バルマー系列 　前述の可視部に見られるスペクトル線を**バルマー系列**という．念のため，バルマー系列を繰り返し図示すると図 9.2 のようになる．この図でスペクトル線の下に書いた数字は，その線の波長を nm で表示した．波長が短くなるにつれてスペクトル線の間隔は次第に小さくなり，無数のスペクトル線が集積して，ついには 364.6 nm の紫外部でこの系列は終わる．いかにも意味あり気に，スペクトル線の並んでいるのが印象的である．

9.1 原子の出す光

参考 バーナードループ　宇宙全体の質量の 3/4 は水素，1/4 はヘリウムで残りの物質は微々たるものといわれている．H_α は赤色の光でオリオン座の周辺で観測される．発見者の名をとり，この光源はバーナードループと呼ばれている．

補足 バルマー　バルマー (1825-1898) はスイスの物理学者で 1885 年現在バルマー系列と呼ばれる水素のスペクトル線を研究した．

参考 光は原子の出す手紙　光は原子の出す手紙であるといわれる．一般に，光の性質を調べることにより，分子や原子の構造を知る重要な手掛かりが得られる．このような光の特性を研究するのが 7.4 節 (p.94) で述べた分光学である．

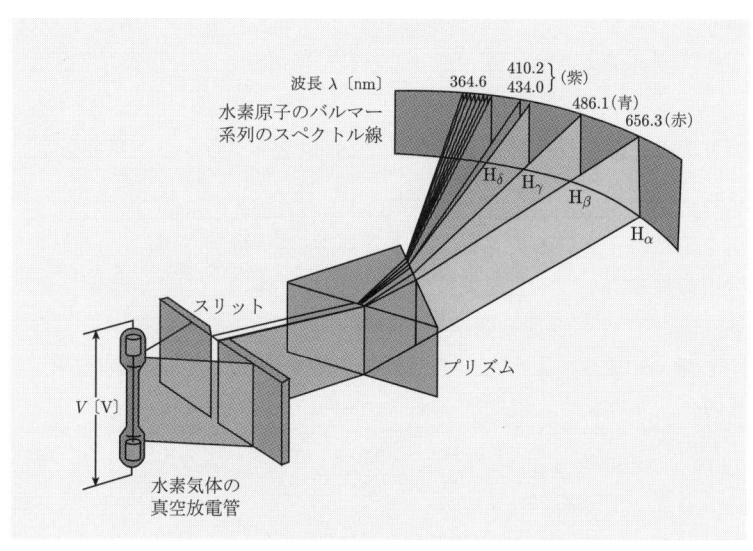

図 9.1　水素原子の出す光に対する分光器

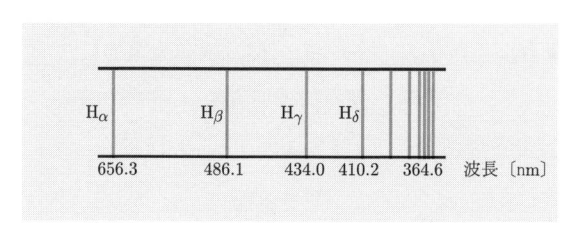

図 9.2　バルマー系列

9.2 光電効果

光電効果　ある種の金属 (Na, Cs など) の表面に光をあてるとその表面から電子 (**光電子**) が飛び出す．この現象を**光電効果**という．この効果は実用的にはカメラの露出装置や太陽電池に応用されている．光の波動説では光源を中心にエネルギーが四方八方に広がっていくと考える．しかし，このような古典物理学の立場では光電効果の説明は不可能であった (例題 1)．

プランクの量子仮説　ある温度の物体が放出する電磁波の全エネルギーを古典物理学で求めると ∞ になり，不合理である．この矛盾を解決するため 1900 年，プランクは物体が振動数 ν の光を吸収・放出するとき，やりとりされるエネルギーは常に $h\nu$ の整数倍であるという**量子仮説**を導入した．量子仮説については 9.3 節で再びとり上げる．ここで，h は次の**プランク定数**である．

$$h = 6.626 \times 10^{-34} \text{ J} \cdot \text{s} \tag{9.1}$$

プランク定数はミクロの世界を支配する重要な物理定数である．これまで振動数を表すのに f という記号を使ってきたが，これ以後，ν という記号を使おう．

光子説　プランクの量子仮説を一般化し，アインシュタインは次のような**光子** (**光量子**) 説を導入した．すなわち，光は**光子**という一種の粒子の集まりで，1 個の光子のもつエネルギーは，その光の振動数を ν としたとき

$$h\nu \tag{9.2}$$

と表される．光電効果の特徴は

① 金属にはそれに特有な固有振動数 ν_0 があり，$\nu < \nu_0$ だとどんなに強い光をあてても光電効果は起こらない．$\nu > \nu_0$ だと光をあてた瞬間に電子が飛び出す．特に $\nu > \nu_0$ の場合，どんなに弱い光でも，光をあてた瞬間に電子が飛び出す．

② $\nu > \nu_0$ の場合，光電子のエネルギー E は次の**光電方程式**で表される．

$$E = h\nu - h\nu_0 \tag{9.3}$$

光子説で上の特徴が理解できる (演習問題 1)．(9.3) で

$$W = h\nu_0 \tag{9.4}$$

とおくと，W は物質固有の定数となる．これを**仕事関数**という．仕事関数は通常，**電子ボルト** (eV) の単位で表される．1 eV は電子が電位差 1 V で加速されるとき得るエネルギーと定義され，国際単位系で表すと次のように書ける．

$$1 \text{ eV} = 1.602 \times 10^{-19} \text{ J} \tag{9.5}$$

9.2 光電効果

例題 1 光の波動説では光電効果が説明できない一例として，豆電球の出力を 1 W とし 600 nm の光が Cs 原子にあたる場合を考える．波動説では，光は電球を中心とし，球面波として周囲の空間に広がるとする．電球から 1 m 離れたところに Cs 原子をおいたとして以下の問に答えよ．
(a) 電球を中心とする半径 1 m の球面上の面積 $S\,\mathrm{m}^2$ の部分を 1 秒当たりに通過するエネルギーを求めよ．
(b) Cs 原子の半径は 0.1 nm の程度とし，光電効果が起こる時間を概算せよ．

解 (a) 1 W は $1\,\mathrm{J\cdot s^{-1}}$ に等しいので，1 秒当たり 1 J のエネルギーが広がっていく．電球を中心とする半径 1 m の球面の表面積は $4\pi\,\mathrm{m}^2$ である．光のエネルギーは球対称に広がるから，球面上の面積 $S\,\mathrm{m}^2$ の部分を通るエネルギーは 1 秒当たり次のように書ける．

$$\frac{1}{4\pi}S \simeq 8\times 10^{-2}\,S\,\mathrm{J\cdot s^{-1}}$$

(b) Cs 原子から飛び出る光電子は 1 個の原子から放出されると考えられる．S の程度は，原子半径を 10^{-10} m として $S \sim (10^{-10})^2\,\mathrm{m}^2 = 10^{-20}\,\mathrm{m}^2$ となる．この S を上式に代入すると，1 個の原子が 1 秒当たり吸収するエネルギーは $0.8\times 10^{-21}\,\mathrm{J\cdot s^{-1}}$ で与えられる．一方，光電子のエネルギーは演習問題 2 で論じるが，ほぼ 1.1×10^{-19} J に等しい．原子がこれだけのエネルギーを蓄積するための所要時間は

$$\frac{1.1\times 10^{-19}}{0.8\times 10^{-21}}\,\mathrm{s} \simeq 140\,\mathrm{s}$$

となり，2 分 20 秒の程度となる．現実には光をあてた瞬間に光電子が飛び出すのであるから，上の結果は実験事実と矛盾する．

=== **光電効果の応用** ===

光電効果は光が波か，粒子かという物理学の基本問題に 1 つの示唆を与えてくれる．それだけでなく，光電効果は光の定量的な測定に利用される．例えば，照度計は光の強さを測ることができ，物理実験によく使われる．露出計も基本的には同じようなもので，カメラと一体になった自動露出は 1960 年代頃から可能となった．光電効果は光エネルギーを電気エネルギーに変換する 1 つの手段である．自動車の燃料として重油などの化石燃料が使われてきたが，地球温暖化や資源の枯渇といった心配がある．太陽の発するエネルギーを光電効果によって電気エネルギーに変え，それを各種の目的に使うという試みは数多くなされてきた．ソーラー・カー，ソーラー・システム，ソーラー・ハウスなどはそのような例で，これらの言葉は広辞苑に収録されている．8.6 節で述べたように，太陽光の利用は将来のエネルギー源として有望である．

9.3 量子仮説

古典物理学の破綻　これまで定義なしで使ってきたが，ニュートン力学とマクスウェルの電磁気学とを合わせて**古典物理学**という．19世紀の末頃まで，すべての物理現象は古典物理学で説明できると信じられていた．しかし，19世紀末から20世紀はじめにかけ，低温技術の発展，測定方法の進歩などにともない，古典物理学ではどうしても説明できないような現象が次々と発見された．9.2節で述べた光電効果はそのような一例である．

熱放射　幼稚園児でも理解できるような次の疑問，すなわち鉄を熱するとなぜ光るかという問題に古典物理学は答えられない．一般に，高温の物体の表面から光 (電磁波) が放出される現象を**熱放射**という．物体の表面に電磁波があたったとき，表面は電磁波の一部を反射し，一部を吸収する．特に，全然反射をせず，あたった電磁波をすべて吸収してしまうものを**完全黒体**あるいは単に**黒体**(こくたい)という．電磁波を通さない空洞を作って小さな孔をあけ，それを外部から見ると孔にあたった電磁波は反射されずすべて空洞の中に吸収される．したがって，孔の部分は黒体の表面と同じ役割を演じる．空洞中の電磁波が温度 T で熱平衡にあるとする．この空洞に小さな窓をあけ出てくる電磁波のエネルギーを振動数 ν ごとに測定すると，振動数に対する熱放射のエネルギー分布がわかる．この分布は温度により決まるが，その実験結果は図 **9.3** のようになる．このような放射を**空洞放射**という．空洞放射は黒体放射と等価であることが知られている．

レイリー-ジーンズの放射法則　空洞内の電磁波は調和振動子の集合と等価である．1次元調和振動子は温度 T において $k_{\rm B}T$ だけの熱エネルギーをもつ．ただし，$k_{\rm B}$ は 8.4 節 (p.113) で述べたボルツマン定数である．上記のような考えを利用すると，空洞の体積を V とし，空洞中で振動数が $\nu \sim \nu + \Delta\nu$ の範囲内にある電磁波のエネルギー $E(\nu)\Delta\nu$ は

$$E(\nu)\Delta\nu = \frac{8\pi k_{\rm B}TV}{c^3}\nu^2 \Delta\nu \tag{9.6}$$

で与えられる．(9.6) を**レイリー-ジーンズの放射法則**といい，図 **9.3** 中の点線で表している．図からわかるように，点線は ν の大きいところでは実測値とまったく合わない．また，電磁場ではいくらでも ν が大きくなれるので，空洞内の全エネルギーを求めるため，上式を ν に関し 0 から ∞ まで加えると，結果は無限大となり物理的に不合理である．プランクは 9.2 節 (p.122) で述べた量子仮説を導入し (9.6) の代わりに実験結果とよく合う放射法則 (9.4 節) を導いた．

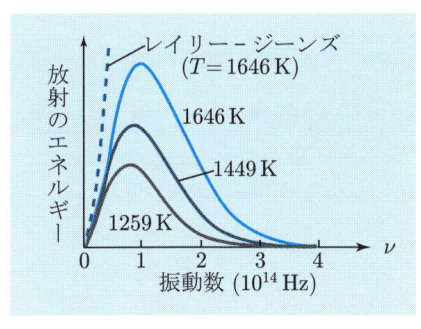

図 9.3　熱放射のエネルギー分布

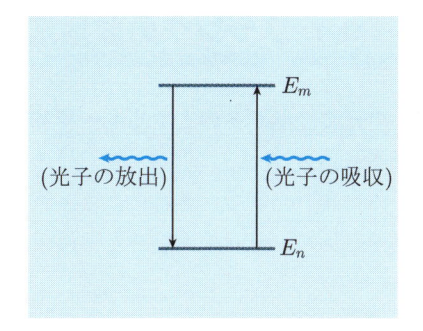

図 9.4　光子の放出・吸収

補足 **光子の放出・吸収**　原子のエネルギーは図 8.9 (p.113) に示したような構造をもつ．エネルギー準位の最低なもの(**基底状態**)のエネルギーを E_1 とし，エネルギー準位を大きさの順に並べ，これらを $E_1, E_2, \cdots, E_n, \cdots$ とする．図 9.4 のように，E_m の定常状態から E_n の定常状態へ移ったとき ($E_m > E_n$)，$E_m - E_n$ のエネルギーがあまるが，このエネルギーは 1 個の光子を放出するのに使われる．したがって，振動数 ν の光を放出したとすれば，エネルギー保存則により

$$h\nu = E_m - E_n$$

が成り立つ．逆に振動数 ν の光を原子が吸収して，定常状態が E_n から E_m へ移るときにも上式が成り立つ．レーザーのポンピングはこの場合に相当する．上式を**ボーアの振動数条件**という．

参考 **プランク**　プランク (1858-1947) はドイツの理論物理学者で，熱放射の研究を行い，従来連続的だと思われていたエネルギーの不連続性を導入し，量子力学への道を拓いた．ドイツは 1887 年に有力な学者を集めて国立研究所を作ったことにより熱放射の研究が飛躍的に発展して，図 9.3 のような結果が得られた．ここでは変数として振動数 ν をとっているが，変数として波長 λ をとることができる (演習問題 6)．

1893 年，ドイツの物理学者ウィーン (1864-1928) は波長分布を理論的に考察し，分布が最大となる波長は絶対温度に反比例するという結果を得た．これを**ウィーンの変位則**という．この変位則は実験結果と一致するが，その理論的な根拠は必ずしも明確ではなかった．

プランクの放射法則はこのような歴史的背景のもと導出されたが，最初から大反響を呼び起こしたわけではない．単に 1 つの実験式と考えた人も多かった．プランクの量子仮説が第一線に浮かんできたのは，アインシュタインが光子説を提唱して光電効果の説明が可能になって以後である．

9.4 プランクの放射法則

1次元調和振動子のエネルギー平均値　古典物理学によると，1次元調和振動子は温度 T において $k_\mathrm{B}T$ だけの熱エネルギーをもつ．この根拠になっているのは統計力学で，それによると調和振動子が温度 T で熱平衡にあるとき，振動子が $e_n = nh\nu$ の状態をとる確率 p_n は

$$p_n = \exp(-\beta e_n) \Big/ \sum_{n=0}^{\infty} \exp(-\beta e_n) \tag{9.7}$$

と表される．この結論は古典論でも量子論でも変わらないとする．上記の確率分布を正準分布という．ただし，β は統計力学でよく使われる記号を表し

$$\beta = \frac{1}{k_\mathrm{B}T} \tag{9.8}$$

である．(9.7) は p.113 で論じたボルツマン分布と基本的には同じで，(9.7) の分母は確率を規格化するために必要である．x を

$$x = e^{-\beta h\nu} \tag{9.9}$$

と定義すれば，$0 < x < 1$ でこの分母は

$$1 + x + x^2 + \cdots = \frac{1}{1-x} = \frac{1}{1-e^{-\beta h\nu}} \tag{9.10}$$

と計算される．よって，統計力学的平均を $\langle\ \rangle$ で表すと次式が得られる．

$$\langle e_n \rangle = (1-x)h\nu \sum_{n=0}^{\infty} n x^n = h\nu \frac{x}{1-x} = \frac{h\nu}{e^{\beta h\nu} - 1} \tag{9.11}$$

プランクの放射法則　体積 V の空洞中で振動数が $\nu \sim \nu + \Delta\nu$ の範囲内にある電磁波の状態数は

$$g(\nu)\Delta\nu = \frac{8\pi V}{c^3} \nu^2 \Delta\nu \tag{9.12}$$

で与えられる．このため，同じ範囲内にある電磁波のエネルギー $E(\nu)\Delta\nu$ は

$$E(\nu)\Delta\nu = \langle e_n \rangle g(\nu)\Delta\nu \tag{9.13}$$

となり，(9.12), (9.13) から

$$E(\nu)\Delta\nu = \frac{h\nu}{e^{h\nu/kT} - 1} \frac{8\pi V}{c^3} \nu^2 \Delta\nu \tag{9.14}$$

と表される．(9.14) を**プランクの放射法則**という．これは実験結果と完全に一致し，図 9.3 (p.125) の曲線は実験結果を表すと思ってもよいし，(9.14) の理論的な結果を表すとしてもよい．それくらい理論と実験との一致はよい．

9.4 プランクの放射法則

光は波か？ 粒子か？

19世紀のはじめに行われたヤングの実験は光が波であることの実験的検証で，光の波動説に軍配が上がったと思われていた．しかし，20世紀初頭における光電効果は光が粒子であることを示し，1905年に提唱されたアインシュタインの光量子説は粒子説の復活であった．光電効果については 9.2 節で述べたが，光の粒子説で干渉をどのように理解するかについて朝永振一郎著「量子力学的世界像」(アテネ新書，弘文堂，1949) の中に「光子の裁判」という一文がある．この本自身かなり古く著者は高校時代に読んだと思うが，現在では原著は入手困難であろう．そこで参考のため，「光子の裁判」の概略を述べておく．

被告人は波乃光子（なみのみつこ）といい，弁護人はディラックである．(被告の名前に朝永先生独特のユーモアが感じられる.) 被告人は「2つの窓の両方を一緒に通った」と主張する．これに対し，検事は「そんなことはあり得ない，1つの窓を通ったと考えるべきだ」と反論する．場面は実地検証へと移る．読者はヤングの実験を想定すればよい．警官を至るところに張り込ませキリバコ法によって被告人の足跡を記録すると，1つの経路をへて，被告人はどちらの窓を通ったかが確認される．以後，これを場合Ⅰと名付けよう．警官がいないときには，被告人を手離すとあっという間に被告人はいなくなりスクリーンのどこかにいることがわかる．これを場合Ⅱとしよう．場合Ⅰと場合Ⅱではスクリーンにおける被告人の存在確率がまるで違う．場合Ⅰでは被告人は一様に分布をするが，場合Ⅱでは被告人は干渉じまのように分布する．こうして，ヤングの実験では光子は2つの窓の両方を一緒に通ったと思わざるを得ない．

東大の5月祭では2年上の人達が「光子の裁判」をドラマ化したのを覚えている．現在では，上記の場合Ⅱが実験的に確かめられていることを付記しておこう．すなわち，電子増倍管を用いると，ひとつひとつの光子をブラウン管上の映像として観測することができる．あてる光をうんと弱くして長時間かけると光の干渉じまが得られる．そのような映像を作ってもらい放送大学の「光と電磁場」の講義の際，使う機会があった．

そもそも波と粒子という概念は互いに矛盾するものである．海岸に打ち寄せる波はあくまでも波であり決して粒子ではない．一方，ケシ粒はあくまでも粒子であり決して波ではない．通常の常識では波と粒子とは両立できない．高校時代に1つの教養として哲学書を読んだが，正直なところよくわからなかった．1つだけ理解できたのは西田幾多郎（にしだきたろう）(1870-1945) の哲学で，矛盾的自己同一（むじゅんてきじこどういつ）という概念である．あるものが互いに矛盾する側面をもつということで，火や原子力は善悪の2面をもち，まさに矛盾的自己同一の存在に他ならない．このような点で光は矛盾的自己同一の例である．この用語は専門的過ぎると思うが，意外と人気があるらしく，YAHOO JAPANで検索すると約300万件のページがみつかり，3年前に比べると約170倍となったことに驚く．

演習問題 第9章

1. プールの水をバケツですくうためにはなにがしかの仕事が必要である．これと同様，図 9.5 に示すように金属中の電子を外部に出すためのエネルギーが仕事関数 W であると考えられる．光子説に基づき光電効果の特徴を説明せよ．

2. Cs の仕事関数は 1.38 eV である．Cs 原子に 600 nm の光をあてたとき飛び出す光電子のエネルギー，速さを求めよ．ただし，電子の質量を 9.11×10^{-31} kg とする．

3. ある金属の仕事関数は 2.24×10^{-19} J と測定されている．この金属に振動数 5.4×10^{14} Hz の光をあてたとき，飛び出る光電子のエネルギー E は 1.34×10^{-19} J となった (図 9.6)．以上の結果から，プランク定数を求めよ．

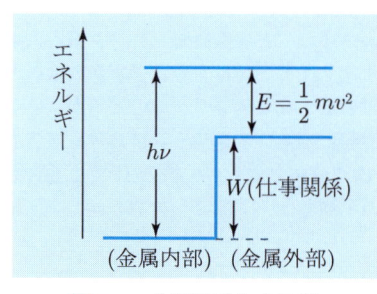

図 9.5 仕事関数と光子説

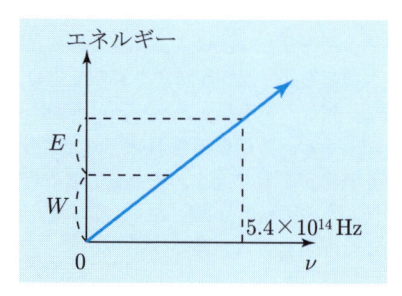

図 9.6 光電子のエネルギー

4. アルミニウムの板に赤い光をあてたとき光電効果は起こらないが，青い光をあてると光電効果が起こる．その理由を説明せよ．

5. 古典的な極限 $(h \to 0)$ でプランクの放射法則はレイリー-ジーンズの放射法則に帰着することを示せ．

6. 波長が $\lambda \sim \lambda + \Delta\lambda$ の範囲内にある放射エネルギーを $G(\lambda)\Delta\lambda$ と書くことにする．$c = \lambda\nu$ の関係を使い

$$G(\lambda)\Delta\lambda = \frac{8\pi hcV}{\lambda^5(e^{\beta hc/\lambda} - 1)}\Delta\lambda$$

と書けることを証明せよ．

7. 温度 T を一定にしたとき $G(\lambda)$ が極大になる波長の値を λ_m とする．このとき

$$\lambda_\mathrm{m} T = 一定$$

という**ウィーンの変位則**を導け．ただし，導出には微分の考えを使うので，この方面に暗い読者は筋道がわかればよい．

演習問題略解

第 1 章

1 クーロン力の大きさは次のようになる．
$$F = 9.0 \times 10^9 \times \frac{2 \times 10^{-6} \times 3 \times 10^{-6}}{0.3^2} \,\text{N} = 0.6 \,\text{N}$$
質量 m の物体に働く重力は $F = mg$ と書けるので，求める質量は次のように計算される．
$$m = \frac{0.6}{9.81} \,\text{kg} = 6.12 \times 10^{-2} \,\text{kg}$$

2 陽子 1 個がもつ電荷 (電気素量) e は $e = 1.602 \times 10^{-19}$ C で与えられる．電子は $-e$ の電荷をもつので，陽子と電子との間には引力が働き，その大きさ F は次のように計算される．
$$F = 9.0 \times 10^9 \times \frac{1.60^2 \times 10^{-38}}{5.3^2 \times 10^{-22}} \,\text{N} = 8.2 \times 10^{-8} \,\text{N}$$

3 クーロン力の大きさは両電荷の電気量の大きさの積に比例し，距離の 2 乗に反比例する．したがって，クーロン力の大きさは ab/c^2 倍となる．このため，④ が正解となる．

4 下図のように点電荷 q が閉曲面 S の外部にあるとする．$q > 0$ とすれば，ΔS_1 の所では $E_n \Delta S_1 > 0$ であるが ΔS_2 の所では $E_n \Delta S_2 < 0$ である．両者の絶対値はともに $q\Delta\Omega/4\pi\varepsilon_0$ であるから，上の 2 つは互いに打ち消し合う．S 全体に関する和はこのような 2 組に分けられ，結局
$$\varepsilon_0 \lim_{\Delta S \to 0} \sum_{S} E_n = 0$$
が成り立つ．

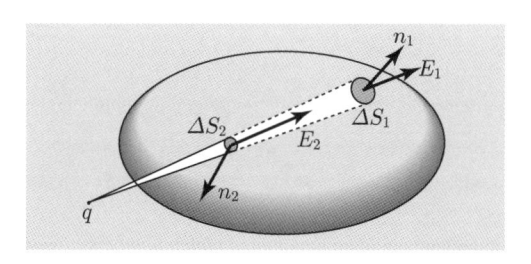

5 (1.11) (p.6) の左辺は，点電荷 q が V 中にあるときは q，点電荷 q が V 外にあるときは 0 であるから，与式が成立する．電荷が連続分布するときには右図のように荷電体を細分し，各部分に含まれる電荷を点電荷として扱って，無限に分割を細かくしたとすれば，与式は連続分布の場合にも成立する．

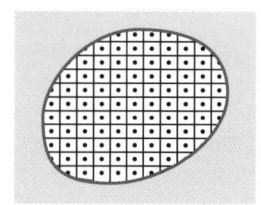

6 q の点電荷があるとき,点電荷の位置を中心とする半径 r の球面を考える.球対称性により電場は球面と直角な動径方向に生ずるので $E_n = E$ となる.球面上では E は方向によらないから,ガウスの法則により

$$\varepsilon_0 E 4\pi r^2 = q \qquad \therefore \quad E = \frac{q}{4\pi\varepsilon_0 r^2}$$

が得られる.

7 直線と垂直な平面をとると,この平面に関する上下の対称性から,電場はこの平面内に存在することがわかる.また,直線を含む任意の平面を考えたとき,すべての状況はこの平面に対し対称であるから,電場はこの面内に生じる.よって,電場のベクトルを延長すると直線と交わることがわかる.すなわち,電場は直線と垂直な平面上で直線を中心として放射状に生じる(右図).さらに,直線のまわりの軸対称性により,電場の大きさ E は直線からの距離だけに依存する.そこで,図のように,底面が直線と垂直であるような半径 r の円で,高さが h の円筒を考える.円筒の上下の面では $E_n = 0$ で,また側面では $E_n = E$ が成立する.側面の面積が $2\pi rh$ であることに注意すると,ガウスの法則により

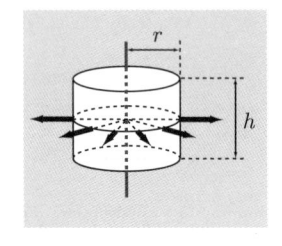

$$2\pi rh\varepsilon_0 E = h\sigma$$

が得られる.したがって,E は次のように求まる.

$$E = \frac{\sigma}{2\pi\varepsilon_0 r}$$

8 O を中心とする半径 r の球面を S ととり,ガウスの法則を適用する.$r < a$ では

$$4\pi r^2 \varepsilon_0 E_n = \frac{4\pi r^3}{3}\rho$$

となり,こうして $r < a$ では次の結果が導かれる.

$$E_n = \frac{\rho r}{3\varepsilon_0}$$

$r > a$ の場合,ガウスの法則から $4\pi r^2 \varepsilon_0 E_n = Q$ が得られる.ここで Q は球のもつ全電気量である.E_n は

$$E_n = \frac{Q}{4\pi\varepsilon_0 r^2}$$

となり,全電荷が点 O に集中したと考えたときの点電荷が生じる電場と一致する.

第 2 章

1 (2.3) (p.12) により

$$V(z) = -Ez + 定数$$

が成り立つ.$z = 0$, $z = l$ のとき上式は

$$V(0) = 定数, \quad V(l) = -El + 定数$$

となり,これらから $V = V(0) - V(l) = El$ が得られる.

2 q の点電荷が距離 r の場所に作る電位 V は $V = q/4\pi\varepsilon_0 r$ で与えられる．ただし，距離が無限大のとき電位が 0 となるよう基準を決めている．(2.10)(p.14) により $U = q'V$ と表されるので，次の結果が導かれる．

$$U = \frac{qq'}{4\pi\varepsilon_0 r}$$

3 p.17 の例題 4 の結果により $\sigma = \varepsilon_0 E$ が得られる．よって，電荷密度 (面密度) σ は

$$\sigma = 8.9 \times 10^{-12} \times 2 \times 10^4 \, \mathrm{C \cdot m^{-2}} = 1.8 \times 10^{-7} \, \mathrm{C \cdot m^{-2}}$$

と計算される．

4 (2.19)(p.18) により，f_e は

$$f_\mathrm{e} = \frac{1}{2}\varepsilon_0 E^2 = \frac{1}{2} \times 8.9 \times 10^{-12} \times (2 \times 10^4)^2 \, \mathrm{Pa}$$
$$= 1.8 \times 10^{-3} \, \mathrm{Pa}$$

となる．ここで

$$1\,\text{気圧} = 101325\,\mathrm{Pa}\ (厳密値)$$

を使うと

$$f_\mathrm{e} = 1.8 \times 10^2 \,\text{気圧}$$

と表される．

5 銅の抵抗率は $10^{-8}\,\Omega\cdot\mathrm{m}$ の程度，ニクロムの抵抗率は $10^{-6}\,\Omega\cdot\mathrm{m}$ の程度で銅の抵抗率はニクロムの 10^{-2} 倍である．したがって，500W のニクロム線を全部銅線にすると電気抵抗は 10^{-2} 倍，したがって同じ電源につなぐと電流は 10^2 倍に達する．500W の電熱器の場合，100V の電源では 5A の電流が流れるから，これらを銅線に変えると 100 倍の 500A が流れショートの状態となる．

6 大電流が流れるとジュール熱が大量に発生し火災などの原因になる．ビスマスは融点の低い金属で，理科年表によると 1 気圧のもとビスマスの融点は 271.4°C と記されている．このため，ビスマスはヒューズ線として使われた．鉛の合金などもヒューズに利用されている．

7 国際単位系における ε_0 の数値 $\varepsilon_0 = 8.85 \times 10^{-12}$ を使い

$$C = \frac{8.85 \times 10^{-12} \times 0.5}{0.2 \times 10^{-3}}\,\mathrm{F} = 2.21 \times 10^{-8}\,\mathrm{F}$$

と計算される．この値はまた $2.21 \times 10^{-2}\,\mu\mathrm{F}$ あるいは $2.21 \times 10^4\,\mathrm{pF}$ に等しい．蓄えられる電荷 Q は，次のように表される．

$$Q = 2.21 \times 10^{-8} \times 6\,\mathrm{C} = 1.33 \times 10^{-7}\,\mathrm{C}$$

8 平行板コンデンサーの極板には正負の電荷が蓄えられているから，極板の間には引力が働く．図 2.10 (p.21) で極板 B が極板 A に及ぼす引力の大きさを F_e とする．マクスウェルの応力 (2.19)(p.18) を使うと，単位面積当たりの力の大きさは $\varepsilon_0 E^2/2$ であるから，極板全部に働く力 F_e はこれに面積 S を掛け

$$F_\mathrm{e} = \frac{1}{2}\varepsilon_0 S E^2$$

と書ける．あるいは，$E = V/l$ を代入すると，F_e は

$$F_\mathrm{e} = \frac{\varepsilon_0 S V^2}{2l^2}$$

と表される．力学の作用反作用の法則により，極板 B が極板 A に F_e の大きさの引力を及ぼすと，極板 A は同じ大きさの引力を極板 B に及ぼす．$F_\mathrm{e} = \varepsilon_0 S V^2/2l^2$ に与えられた数値を代入すると，F_e は

$$F_\mathrm{e} = \frac{8.85 \times 10^{-12} \times 0.5 \times 6^2}{2 \times (0.2 \times 10^{-3})^2} \,\mathrm{N} = 1.99 \times 10^{-3} \,\mathrm{N}$$

となる．重力加速度 $9.81 \,\mathrm{m \cdot s^{-2}}$ で割り，求める質量は $2.03 \times 10^{-4} \,\mathrm{kg}$ と求まる．

9 電気容量が $C_1, C_2, \cdots, C_n$ のコンデンサーの一方の極板を接続してこれを 1 つの極板とし，他方の極板をつないで他方の極板とするような連結法が並列接続である．導線でつながれた n 個の極板は全体で 1 つの導体とみなせるので，電位はすべて同じである．したがって，図 2.9 (a) (p.20) のように起電力 V の電池に連結したとすれば，その電位差 V はすべてのコンデンサーに対して共通となる．この電位差のため電気容量 C_i のコンデンサーの左の極板には Q_i，右側の極板には $-Q_i$ の電気がたまり ($Q_i > 0$)，その際 $Q_i = C_i V$ の関係が成り立つ．全体を 1 つのコンデンサーとみなせば，左の極板には $Q = Q_1 + Q_2 + \cdots + Q_n$，右の極板には $-Q$ の電荷が蓄えられるから，全体の電気容量 C は次のように表される．

$$C = \frac{Q}{V} = \frac{Q_1 + Q_2 + \cdots + Q_n}{V} = C_1 + C_2 + \cdots + C_n$$

直列接続の場合には，図 2.9 (b) のように電池の陽極から流れ出す正電荷を Q，陰極から流れ出す負電荷を $-Q$ とすれば，個々のコンデンサーに蓄えられる電荷は図示したようになる．それぞれのコンデンサーの極板間の電位差の和が電池の起電力 V に等しいから

$$V = V_1 + V_2 + \cdots + V_n$$

が成り立つ．ここで，それぞれのコンデンサーについて $V_i = Q/C_i$ と書け，また全体の電気容量を C とすれば

$$V = \frac{Q}{C}$$

である．したがって

$$\frac{1}{C} = \frac{V}{Q} = \frac{V_1 + V_2 + \cdots + V_n}{Q} = \frac{1}{C_1} + \frac{1}{C_2} + \cdots + \frac{1}{C_n}$$

となる．これらの結果は (2.22) と一致する．

第 3 章

1 電気素量は問題文中にある通り $e = 1.60 \times 10^{-19} \,\mathrm{C}$ と表される．したがって，電気双極子モーメントの大きさ p は次のように計算される．

$$p = 1.60 \times 10^{-19} \times 10^{-10} \,\mathrm{C \cdot m} = 1.60 \times 10^{-29} \,\mathrm{C \cdot m}$$

これをデバイで表すと，次のようになる．

$$p = \frac{1.60 \times 10^{-29}}{3.34 \times 10^{-30}} \text{デバイ} = 4.79 \text{ デバイ}$$

2 電位 V と電場 $\boldsymbol{E}$ との関係により，例えば $\boldsymbol{E}$ の x 成分は y, z を一定に保って

$$E_x = -\lim_{\Delta x \to 0} \frac{\Delta V}{\Delta x}$$

と表される．(3.3) (p.24) を上式に代入すると

$$E_x = -\lim_{\Delta x \to 0} \frac{\Delta}{\Delta x} \left(\frac{p_x x + p_y y + p_z z}{4\pi\varepsilon_0 r^3} \right)$$

$$= -\frac{p_x}{4\pi\varepsilon_0 r^3} - \frac{(\boldsymbol{p} \cdot \boldsymbol{r})}{4\pi\varepsilon_0} \lim_{\Delta x \to 0} \frac{\Delta}{\Delta x} \left(\frac{1}{r^3} \right)$$

となる．上式で

$$\lim_{\Delta x \to 0} \frac{\Delta}{\Delta x} \left(\frac{1}{r^3} \right) = \lim_{\Delta r \to 0} \frac{\Delta}{\Delta r} \left(\frac{1}{r^3} \right) \lim_{\Delta x \to 0} \frac{\Delta r}{\Delta x}$$

の関係を使う．ここで

$$\lim_{\Delta r \to 0} \frac{\Delta}{\Delta r} \left(\frac{1}{r^3} \right) = \lim_{\Delta r \to 0} \frac{1}{\Delta r} \left(\frac{1}{(r+\Delta r)^3} - \frac{1}{r^3} \right) = -\frac{3}{r^4}$$

に注意し，また $r = (x^2 + y^2 + z^2)^{1/2}$ を使い y, z が一定だと

$$\lim_{\Delta x \to 0} \frac{\Delta r}{\Delta x} = \lim_{\Delta x \to 0} \frac{1}{\Delta x} \left\{ [(x+\Delta x)^2 + y^2 + z^2]^{1/2} - (x^2 + y^2 + z^2)^{1/2} \right\}$$

$$= \frac{x}{(x^2 + y^2 + z^2)^{1/2}} = \frac{x}{r}$$

が得られる．上の2つの関係を利用し

$$E_x = -\frac{p_x}{4\pi\varepsilon_0 r^3} + \frac{3x(\boldsymbol{p} \cdot \boldsymbol{r})}{4\pi\varepsilon_0 r^5}$$

と計算される．y, z 成分も同様で，これらをまとめると次式が得られる．

$$\boldsymbol{E}(\boldsymbol{r}) = \frac{1}{4\pi\varepsilon_0 r^3} \left[\frac{3\boldsymbol{r}(\boldsymbol{p} \cdot \boldsymbol{r})}{r^2} - \boldsymbol{p} \right]$$

3 $\boldsymbol{p}$ と $\boldsymbol{r}$ とは垂直だから $\boldsymbol{E} = -\boldsymbol{p}/4\pi\varepsilon_0 r^3$ で E は $p/4\pi\varepsilon_0 r^3$ と書ける．よって E は

$$E = \frac{3.4 \times 10^{-30}}{4\pi \times 8.85 \times 10^{-12} \times (5 \times 10^{-9})^3} \frac{\text{V}}{\text{m}}$$

$$= 2.45 \times 10^5 \frac{\text{V}}{\text{m}}$$

となる．

4 $E = q/4\pi\varepsilon_0 r^2$, $D = q/4\pi r^2$ の関係に数値を代入し，次の結果が得られる．

$$E = \frac{0.1}{4\pi \times 8.85 \times 10^{-12} \times (0.5)^2} \frac{\text{V}}{\text{m}} = 3.60 \times 10^9 \frac{\text{V}}{\text{m}}$$

$$D = \frac{0.1}{4\pi \times (0.5)^2} \frac{\text{C}}{\text{m}^2} = 3.18 \times 10^{-2} \frac{\text{C}}{\text{m}^2}$$

5 電気容量は8倍となるので $40\,\mu\text{F}$ である．

6 $E = V/l$ であるから (3.18) (p.32) により

$$U_e = \frac{\varepsilon Sl}{2}E^2 = \frac{\varepsilon SEV}{2}$$

となる．また，εE は極板上の面密度 σ に等しい．したがって

$$U_e = \frac{QV}{2}$$

と書ける．これに $Q = CV$, $V = Q/C$ を代入すると

$$U_e = \frac{CV^2}{2} = \frac{Q^2}{2C}$$

となる．

7 回路を流れる電流を I，コンデンサー C に蓄えられる電荷を $\pm Q$ とすれば，回路中の電位差を考え

$$\frac{Q}{C} + RI = V$$

という方程式が成り立つ．微小時間 Δt を考え $I\Delta t = \Delta Q$ の関係に注意すれば，上式に $I\Delta t$ を掛け

$$\frac{Q\Delta Q}{C} + RI^2\Delta t = V\Delta Q$$

が得られる．右辺は Δt の間に電池のする仕事，$RI^2\Delta t$ はその間に発生するジュール熱である．したがって，エネルギー保存則により $Q\Delta Q/C$ はその間の電気エネルギーの増加分 ΔU_e を表す．すなわち，

$$\Delta U_e = \frac{Q\Delta Q}{C}$$

となり $Q = 0$ で $U_e = 0$ という条件から

$$U_e = \frac{Q^2}{2C}$$

が導かれ，これは前問の結果と一致する．

8 図のように，導体，誘電体を含む体系を斜線部で表したとし，これに起電力 V の電池がつながっているとする．ΔQ の電荷が移動すれば，電池の内部では ΔQ の電荷を電位が V だけ高い状態に移動させるので電池のする仕事は $V\Delta Q$ と書ける．一方，体系の位置を記述する変数を象徴的に ξ と記し，ξ を $\xi + \Delta\xi$ に変化させるとき電気力のする仕事は $F_\xi\Delta\xi$ とする．この電気力に逆らい，ξ を $\xi + \Delta\xi$ にするため人のする(外力のする) 仕事は符号を逆にし $-F_\xi\Delta\xi$ で与えられる．電池，外力のした分だけ電気エネルギーが増加すると考えられるので

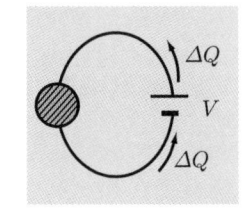

$$\Delta U_e = V\Delta Q - F_\xi\Delta\xi \tag{1}$$

が成り立つ．$V = $ 一定 の場合

$$V\Delta Q = \Delta(VQ)$$

と書け，VQ は演習問題 6 により

$$2U_e = VQ$$

である．$\xi = l$ とおき，題意に従い $F_\xi = F_V$ とすれば (1) を適用し
$$F_V \Delta l = \Delta U_e \tag{2}$$
と書ける．U_e を V の関数として表せば
$$U_e = \frac{CV^2}{2} = \frac{\varepsilon S V^2}{2l}$$
となる．いまの場合，$V =$ 一定 としているから (2) により
$$F_V = \frac{\varepsilon S V^2}{2} \lim_{\Delta l \to 0} \frac{1}{\Delta l} \Delta \left(\frac{1}{l} \right) \tag{3}$$
と表される．(3) で
$$\lim_{\Delta l \to 0} \frac{1}{\Delta l} \Delta \left(\frac{1}{l} \right) = \lim_{\Delta l \to 0} \frac{1}{\Delta l} \left(\frac{1}{l + \Delta l} - \frac{1}{l} \right) = -\frac{1}{l^2}$$
となるから，F_V は次のように求まる．
$$F_V = -\frac{\varepsilon S V^2}{2 l^2} \tag{4}$$

9 例題 5 の (3) から
$$F_Q = -\frac{Q^2}{2\varepsilon S}$$
が得られる．電気容量 C は $C = \varepsilon S/l$ と書けるので，演習問題 8 の (4) を利用すると
$$F_Q = -\frac{Q^2}{2\varepsilon S} = -\frac{C^2 V^2}{2\varepsilon S} = -\frac{V^2}{2\varepsilon S} \left(\frac{\varepsilon S}{l} \right)^2 = -\frac{\varepsilon S V^2}{2 l^2} = F_V$$
となり，$F_V = F_Q$ であることがわかる．

第 4 章

1 断面を通過する電気量は
$$2 \times 10 \, \text{A} \cdot \text{s} = 20 \, \text{C}$$
である．一方，電子の電荷は -1.602×10^{-19} C であるから断面を通った電子数は
$$-\frac{20}{1.602 \times 10^{-19}} \text{個} = -1.25 \times 10^{20} \text{個}$$
となる．符号が − なのは電子の運動する向きは電流と逆なためである．

2 (a) 流れる電流は
$$\frac{3}{5} \, \text{A} = 0.6 \, \text{A}$$
と表される．
(b) 電力 P は次のようになる．
$$P = 3 \times 0.6 \, \text{W} = 1.8 \, \text{W}$$

3 $1 + \alpha t = 1 + 0.42 = 1.42$ と計算される．したがって，ρ は次のようになる．
$$\rho = 2.50 \times 10^{-8} \times 1.42 \, \Omega \cdot \text{m} = 3.55 \times 10^{-8} \, \Omega \cdot \text{m}$$

4 (4.12) (p.42) により，Q は次のように計算される．
$$Q = 0.5 \times 3^2 \times 60\,\text{J} = 270\,\text{J}$$

5 1400 W の電気アイロンを交流 100 V につないだとき流れる電流実効値は 14 A である．このため電気抵抗は $R = (100/14)\,\Omega = 7.14\,\Omega$ となる．

6 この電気アイロンは毎秒 500 J のエネルギーを発生するから 10 分間のジュール熱は
$$500 \times 600\,\text{J} = 3 \times 10^5\,\text{J}$$
となる．$1\,\text{J} = (1/4.19)\,\text{cal}$ であるから，上のジュール熱は
$$\frac{3 \times 10^5}{4.19}\,\text{cal} = 7.16 \times 10^4\,\text{cal}$$
と等価である．これだけの熱量を $5\,\text{kg} = 5000\,\text{g} = 5 \times 10^3\,\text{g}$ の水に加えたときの温度上昇は
$$\frac{71.6 \times 10^3}{5 \times 10^3}\,°\text{C} = 14.3\,°\text{C}$$
と計算される．

7 $2r, r, 2r$ の 3 つの抵抗が並列に連結されているから合成抵抗を R とすると
$$\frac{1}{R} = \frac{1}{2r} + \frac{1}{r} + \frac{1}{2r} \quad \therefore \quad \frac{1}{R} = \frac{2}{r}$$
となり R は
$$R = \frac{r}{2}$$
と表される．

8 キルヒホッフの法則により
$$I_1 + 3(I_1 + I_2) = 1.5, \quad 2I_2 + 3(I_1 + I_2) = 3$$
となる．これらを整理すると
$$4I_1 + 3I_2 = 1.5$$
$$3I_1 + 5I_2 = 3$$
と書け，これから
$$I_1 = \frac{5 \times 1.5 - 3 \times 3}{20 - 9}\,\text{A} = -0.136\,\text{A}$$
$$I_2 = \frac{3 \times 1.5 - 4 \times 3}{9 - 20}\,\text{A} = 0.682\,\text{A}$$
が得られる．

9 図 (a) の点線のようなループにキルヒホッフの第二法則を適用すると
$$R_1 I_1 - R_2 I_2 - R_1 I_2 + R_2 I_1 = 0 \quad \therefore \quad (R_1 + R_2) I_1 = (R_1 + R_2) I_2$$
と書け，$I_1 = I_2$ であることがわかる．このため，$I = I_1 = I_2$ が導かれる．電流の状況は図 (b) のようになり $I = I_1 + I_2$ とおくと
$$R_1 I + 2 R_3 I + R_2 I = V$$
が得られる．これから次の結果が導かれる．
$$I = \frac{V}{R_1 + R_2 + 2R_3}$$

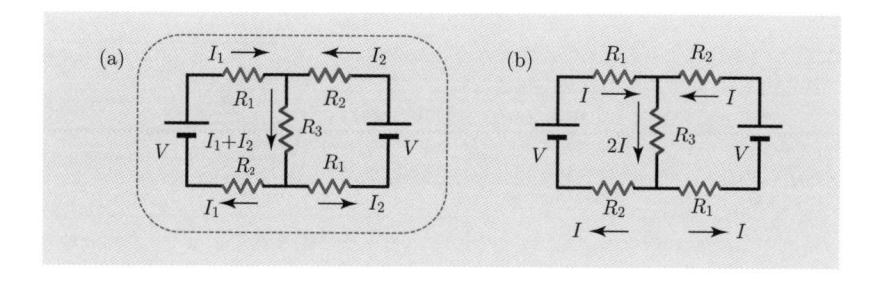

第5章

1 地球の北極は N 極を引き付ける．磁気に対するクーロンの法則により，異符号の磁極同士には引力が働く．このため，地球の北極は磁石としては S 極である．

2 両磁荷の間に働く磁気力の大きさを F とすれば，F は
$$F = \frac{1}{4\pi\mu_0} = \frac{10^7}{(4\pi)^2}\,\text{N} = 6.33 \times 10^4\,\text{N}$$
と計算される．

3 点 P における磁束密度 $B(z)$ は次のようになる．
$$\begin{aligned}
B(z) &= \frac{q_\text{m}}{4\pi}\left(\frac{1}{(z-l/2)^2} - \frac{1}{(z+l/2)^2}\right) \\
&\simeq \frac{q_\text{m}}{4\pi}\left(\frac{1}{z^2 - zl} - \frac{1}{z^2 + zl}\right) \\
&\simeq \frac{q_\text{m}l}{2\pi z^3} = \frac{m}{2\pi z^3}
\end{aligned}$$

4 図 5.20 で棒磁石の断面積を S，長さを L とし，その中心を座標原点 O にとる．磁石は z 方向に一様に磁化しているとし，磁化の大きさを M とする．磁石の上端には MS の磁荷が生じ，これは座標 z の点に
$$H_z = -\frac{MS}{4\pi\mu_0}\frac{1}{[(L/2) - z]^2}$$
の磁場を生じる．磁石の下端に発生する $-MS$ の磁荷は上の z の符号を逆にした H_z を与える．こうして $z = \alpha L/2$ $(-1 < \alpha < 1)$ における H_z は
$$H_z = -\frac{MS}{\pi\mu_0 L^2}\left[\frac{1}{(1-\alpha)^2} + \frac{1}{(1+\alpha)^2}\right]$$
と計算される．したがって，N は
$$N = \frac{S}{\pi L^2}\left[\frac{1}{(1-\alpha)^2} + \frac{1}{(1+\alpha)^2}\right]$$
と表される．α が 1 あるいは -1 に近くない限り $L^2 \gg S$ であるから $N \simeq 0$ としてよい．

5 ソレノイドの外部に 0 でない磁場が生じると, (5.26) (a), (b) (p.62) により外部に電流が流れることになる. したがって, ソレノイドの外部の磁場は 0 である. また, ソレノイドの内部でもし磁場 H が円筒の中心軸に平行でないと, 中心軸と垂直な方向で H は 0 でない成分 H_n をもつ (右図). 軸対称性により H_n の値は図の半径 a の円上で同じであり, またソレノイドが十分長ければ H_n は a だけに依存する. このため, 図の斜線のような半径 a の円筒にガウスの法則を適用すると, 表面にわたる和は 0 でなくなりこれは同法則と矛盾する. よって, ソレノイド内部での磁場 H は軸に平行となる. ソレノイドの軸を含む断面内で図 5.22 (p.64) のような長方形の閉曲線 ABCDA をとり, アンペールの法則を適用する. この図で ⊙ は紙面の裏から表へ, ⊗ は表から裏へ電流が流れることを意味し, また図は 2 層のコイルを表す. AB の長さを L, AB 上での磁場を H とすれば, CD 上での磁場は 0 であるから

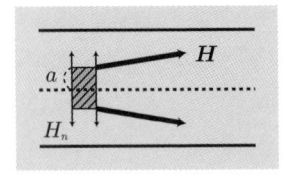

$$HL = InL$$

が得られ H は

$$H = nI$$

と表される. AB の位置はソレノイドの内部であればどこでもよいから, 内部で磁場は一様であり, 磁場の値はソレノイドの半径に依存しない.

6 H は

$$H = 2000 \times 4\,\mathrm{A \cdot m^{-1}} = 8000\,\mathrm{A \cdot m^{-1}}$$

と計算される. また B は

$$B = \mu_0 H = 4\pi \times 10^{-7} \times 8000\,\mathrm{T} = 1.01 \times 10^{-2}\,\mathrm{T} = 101\,\mathrm{G}$$

である. ソレノイドの内部を鉄で満たすと磁束密度は 7×10^3 倍になるから, B は

$$B = 1.01 \times 10^{-2} \times 7 \times 10^3\,\mathrm{T} = 70.7\,\mathrm{T}$$

となる.

第 6 章

1 交流電圧の振幅は例題 3 の結果 (p.69) を使うと

$$ab\omega B$$

と表される. $\omega = 100\pi\,\mathrm{s^{-1}} = 314\,\mathrm{s^{-1}}$ を利用し

$$ab\omega B = 0.4 \times 0.5 \times 314 \times 0.2\,\mathrm{V} = 12.6\,\mathrm{V}$$

と計算される.

2 磁束密度 B は磁化 M と同じ次元をもち, 一方 M は [磁荷] / [面積] という次元をもつ. 磁束は B の次元に面積を書けたものとなるので, その単位は磁荷の単位 Wb と同じになる.

3 円を貫く磁束は $\Phi = \pi a^2 B_0 t^2$ と書ける. したがって, 誘導起電力 V_i は Δt が十分小さいとすれば

$$V_i = -\frac{\Delta}{\Delta t}(\pi a^2 B_0 t^2) = -2\pi a^2 B_0 t$$

と表される．

4 図のようにCを縁とする2つの曲面 S_1, S_2 を考え，これらの曲面を十分小さな微小面積 ΔS をもつ微小部分で分割したとする．また，単位ベクトル $\boldsymbol{n}$ は曲面の裏から表へ向かうとすれば，S_1, S_2 を貫く磁束 Φ_1, Φ_2 は

$$\Phi_1 = \sum_{S_1} \boldsymbol{B} \cdot \boldsymbol{n} \Delta S, \quad \Phi_2 = \sum_{S_2} \boldsymbol{B} \cdot \boldsymbol{n} \Delta S$$

と書ける．曲面 S_1, S_2 を合わせた曲面を S とすれば，ガウスの法則により

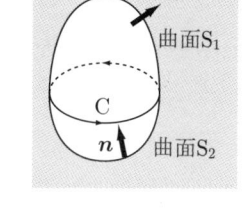

$$\sum_{S} B_n \Delta S = 0$$

が成り立つ．上式の右辺が 0 であるということは真磁荷が存在しないという性質を反映し，これは状態が定常であるか，非定常であるかに依存しない．上式の B_n は外向きの法線方向の成分で，図からわかるように，曲面 S_1 では

$$B_n = \boldsymbol{B} \cdot \boldsymbol{n}$$

であるが，曲面 S_2 では

$$B_n = -\boldsymbol{B} \cdot \boldsymbol{n}$$

となる．したがって，上式の S を S_1 と S_2 とにわけると

$$\sum_{S_1} \boldsymbol{B} \cdot \boldsymbol{n} \Delta S - \sum_{S_2} \boldsymbol{B} \cdot \boldsymbol{n} \Delta S = 0$$

となる．すなわち $\Phi_1 = \Phi_2$ である．このようにして Φ は曲面の選び方に依存しないことがわかる．

5 ソレノイドの断面積は $S = \pi \times (0.015)^2 \, \mathrm{m}^2 = 7.07 \times 10^{-4} \, \mathrm{m}^2$ と計算される．このため，(6.11) (p.72) に真空に対する μ の値すなわち $\mu_0 = 4\pi \times 10^{-7} \, \mathrm{N \cdot A^{-2}}$ およびその他の数値を代入し L は

$$L = 4\pi \times 10^{-7} \times \frac{100^2}{0.05} \times 7.07 \times 10^{-4} \, \mathrm{H} = 1.78 \times 10^{-4} \, \mathrm{H}$$

で与えられる．ソレノイドの内部を鉄で満たしたときには上の値を 7×10^3 倍し

$$L = 1.78 \times 10^{-4} \times 7 \times 10^3 \, \mathrm{H} = 1.25 \, \mathrm{H}$$

と表される．

6 2次コイルの巻数は

$$200 \times \frac{19.5}{100} \, 回 = 39 \, 回$$

となる．

7 起電力の大きさは

$$4 \times 10^{-3} \times \frac{3}{5 \times 10^{-3}} \, \mathrm{V} = 2.4 \, \mathrm{V}$$

と計算される．また，コイルに 3 A の電流が流れているときコイルのもつ磁束は

$$4 \times 10^{-3} \times 3 \, \mathrm{Wb} = 1.2 \times 10^{-2} \, \mathrm{Wb}$$

となる．

8 (a) L' と R' が並列接続された部分の合成インピーダンス $\hat{Z}'$ は，例題 8 (p.77)

により
$$\hat{Z}' = \frac{iR'\omega L'}{R' + i\omega L'}$$
と書ける．分母を実数にするため，分母，分子に $(R' - i\omega L')$ を掛けると
$$\hat{Z}' = \frac{\omega^2 L'^2 R' + i\omega L' R'^2}{R'^2 + \omega^2 L'^2} \tag{1}$$
で与えられる．R と L は直列接続なのでその複素インピーダンスは $R + i\omega L$ となり，これに (1) を加え全体の合成インピーダンス $\hat{Z}$ は
$$\hat{Z} = R + i\omega L + \frac{\omega^2 L'^2 R' + i\omega L' R'^2}{R'^2 + \omega^2 L'^2} \tag{2}$$
と表される．

(b)　(2) は
$$\hat{Z} = \frac{RR'^2 + \omega^2 L'^2(R + R')}{R'^2 + \omega^2 L'^2} + i\omega \frac{(L + L')R'^2 + \omega^2 LL'^2}{R'^2 + \omega^2 L'^2}$$
と書ける．上式を使うと $\tan\phi$ は次のように求まる．
$$\tan\phi = \omega \frac{(L + L')R'^2 + \omega^2 LL'^2}{RR'^2 + \omega^2 L'^2(R + R')}$$

9　アドミッタンスは
$$\hat{Y} = \frac{1}{R + iX} = \frac{R - iX}{R^2 + X^2}$$
と表される．したがって，次の公式が導かれる．
$$G = \frac{R}{R^2 + X^2}, \quad B = -\frac{X}{R^2 + X^2}$$

第 7 章

1　$\sin\theta = \sin 60° = 0.866\cdots$ であるから，屈折の法則により
$$\sin\varphi = \frac{0.866}{1.33} = 0.651 \quad \therefore \quad \varphi = 40.6°$$
となる．

2　光を通す物体 (**透明体**) 中の光速 c_n はその絶対屈折率を n，真空中の光速を c として $c_n = c/n$ で与えられる．したがって，ガラス中の光速 c_n は
$$c_n = \frac{c}{n} = \frac{3 \times 10^8}{1.50} \, \text{m} \cdot \text{s}^{-1} = 2 \times 10^8 \, \text{m} \cdot \text{s}^{-1}$$
と計算される．真空中で 1 回振動が起これば，ガラス中でも 1 回振動が起こる．よって，振動数 f は真空中でもガラス中でも同じで
$$f = \frac{3 \times 10^8}{500 \times 10^{-9}} \, \text{Hz} = 6 \times 10^{14} \, \text{Hz}$$

となる．また，波の基本式［振動数と波長の積が媒質中の光速に等しいという関係．(8.2) (p.106) 参照］により，ガラス中の光の波長 λ は次のように表される．

$$\lambda = \frac{c}{fn} = \frac{2 \times 10^8 \,\mathrm{m\cdot s^{-1}}}{6 \times 10^{14} \,\mathrm{Hz}} = 3.33 \times 10^{-7} \,\mathrm{m} = 333 \,\mathrm{nm}$$

3 光の逆進性を利用すると次の関係が得られる．

$$\frac{1}{\sin \varphi_\mathrm{c}} = n$$

ただし，n は空気に対する水の屈折率である．

4 時刻 0 で図のような平面波の波面 AB があるとする．この場合，媒質が一様であれば，波の進む向きは AB と垂直である．光速を c とすれば時刻 0 から時間 t だけたった後の波面は図の A′B′ のようになる．この波面上の各点から 2 次波が出るが，時間 $\varDelta t$ 後には図のような $c\varDelta t$ を半径とする球面波が無数にできる．ここで図に示した点 P をとると，この点に達する 2 次波のあるものは正，あるものは負の波動量を与え，これらを重ね合わせると結局は打ち消し合うと考えられる．このような打ち消し合いが起こらないのは，すべての 2 次波と共通に接する A″B″ で，これが時刻 $t + \varDelta t$ における波面となる．このようにして，ホイヘンスの原理から平面波の伝わる様子を理解することができる．

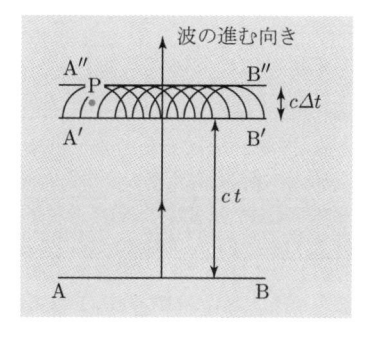

反射の場合には次のように考える．下図のように入射角 θ で BC の方向に進む入射波の波面 AB を考え，A が境界面にあたった瞬間を時間の原点にとる．これから時間が t だけ経過して B が境界面上の点 C に到着したとすれば

$$BC = ct$$

である．また，時刻 0 で点 A から出た 2 次波の波面は，時刻 t において点 A を中心とする半径 ct の円となる．図のように，点 C からこの円に引いた接線を CD とする．ここで，AB 上の任意の点 P をとり，点 P から BC に平行な直線を引きこれと AC との交点を Q，点 Q から CD に下ろした垂線の足を R とする．△CDA と △CRQ は相似なので次式が成り立つ．

$$QR = AD \times \frac{CQ}{AC} = ct \times \frac{AC - AQ}{AC} = ct\left(1 - \frac{AQ}{AC}\right) \tag{1}$$

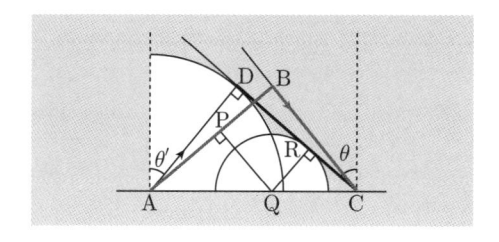

ところで，△ABC と △APQ は相似であるから
$$\frac{\mathrm{PQ}}{\mathrm{BC}} = \frac{\mathrm{AQ}}{\mathrm{AC}} \quad \therefore \quad \left(\frac{\mathrm{AQ}}{\mathrm{AC}}\right)ct = \mathrm{PQ} \tag{2}$$
となる．ただし，$\mathrm{BC} = ct$ の関係を利用した．(1), (2) から
$$\mathrm{QR} = c\left(t - \frac{\mathrm{PQ}}{c}\right) \tag{3}$$
が得られる．点 P が AC に到着するまでの時間は PQ/c である．したがって，点 Q を出た 2 次波の半径は時刻 t において $c(t - \mathrm{PQ}/c)$ となり，これは (3) と一致する．すなわち，この 2 次波は CD に接する．点 P は勝手に選んでよいので，結局任意の 2 次波は CD に接し，よって CD が反射波の波面となる．△ACD と △ACB は直角三角形で斜辺と 1 辺とが等しいから合同である．その結果
$$\angle \mathrm{DAC} = \angle \mathrm{BCA}$$
が成立する．図に示す θ' が反射角でこうして $\theta = \theta'$ の反射の法則が導かれた．

屈折の場合には下図のように入射角を θ，屈折角を φ とし，第 1 媒質中を進む波面 AB に注目する．B が C に到達するまでの時間を t とすれば，$\mathrm{BC} = c_1 t$ で，A を出た第 2 媒質中の 2 次波は半径 $c_2 t$ の円となる．また，C からこの円に引いた接線を CD とする．AB 上の任意の点 P が境界面に達するまでの時間は PQ/c_1 であるから，Q を出た 2 次波の半径は $c_2(t - \mathrm{PQ}/c_1)$ となる．

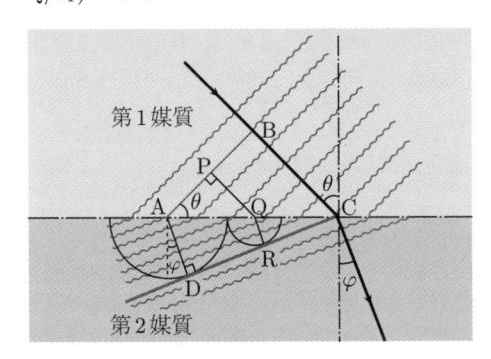

一方，Q から CD に下ろした垂線の足を R とすれば
$$\frac{\mathrm{QR}}{\mathrm{AD}} = \frac{\mathrm{CQ}}{\mathrm{AC}} = \frac{\mathrm{AC} - \mathrm{AQ}}{\mathrm{AC}} \quad \therefore \quad \mathrm{QR} = c_2 t\left(1 - \frac{\mathrm{AQ}}{\mathrm{AC}}\right)$$
となる．ところで
$$\frac{\mathrm{AQ}}{\mathrm{AC}} = \frac{\mathrm{PQ}}{\mathrm{BC}} = \frac{\mathrm{PQ}}{c_1 t}$$
であるから上式によって
$$\mathrm{QR} = c_2\left(t - \frac{\mathrm{PQ}}{c_1}\right)$$
と表され，反射のときと同様，2 次波はすべて CD に接することがわかる．したがって，接線 CD が屈折波の波面を与える．このため

$$\frac{\sin\theta}{\sin\varphi} = \frac{BC/AC}{AD/AC} = \frac{BC}{AD} = \frac{c_1 t}{c_2 t} = \frac{c_1}{c_2}$$

が成立し, 屈折の法則が導かれる.

5 眼の水晶体は凸レンズとなっていて遠方からの光は右図 (a) のように平行光線となって, 正視の場合, 網膜上に像を結ぶ. しかし, 近いものを見過ぎたりすると眼球が変形し図の眼軸が正常に比べ長くなる. このため平行光線は図 (b) の点線のように網膜上に像を結ばずこれが近視の一因となる. 凹レンズに平行光線があたると光は透過した後, 光軸から遠ざかるように進む. そのため, 近視の場合, 図 (b) のように凹レンズの眼鏡を用い, 実線のように網膜上に像を結ぶよう矯正している.

6 明線間の間隔 Δx は例題 3 の (3) (p.89) により

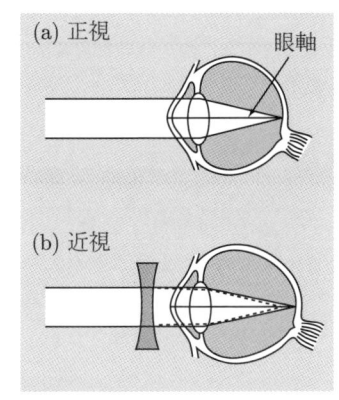

$$\Delta x = \frac{D\lambda}{d} = \frac{1 \times 400 \times 10^{-9}}{10^{-3}}\,\mathrm{m} = 0.0004\,\mathrm{m} = 0.4\,\mathrm{mm}$$

と計算される.

7 例題 4 の (4) (p.93) により

$$2nd\cos\varphi = \frac{m\lambda}{2} \quad (m\text{ は正の奇数})$$

の条件が満たされると干渉の結果, 明線が生じる. 数値を代入し

$$\cos\varphi = \frac{m}{2}\frac{500}{1.33 \times 200} = 0.940\,m \tag{1}$$

となる. $m=1$ だと (1) を満たすのは $\varphi = 19.9°$ でこの場合の入射角 θ は

$$\frac{\sin\theta}{\sin\varphi} = n \tag{2}$$

の関係から

$$\sin\theta = 1.33 \times 0.340 = 0.452$$

となり $\theta = 26.9°$ と計算される. すなわち, 入射角が $26.9°$ だと反射光は干渉のため明るくなる. m が 3 より大きいと (1) の右辺は 1 より大きくなるので解は存在しない.

8 レンズの公式を利用して

$$\frac{1}{|b|} = \frac{1}{a} - \frac{1}{f} = \frac{1}{15} - \frac{1}{20} = \frac{1}{60} \quad \therefore \quad |b| = 60\,\mathrm{cm}$$

となる. 倍率は

$$m = 60/15 = 4$$

でこの場合は虫眼鏡と同じで正立, 虚像で像の大きさは $2 \times 4\,\mathrm{cm} = 8\,\mathrm{cm}$ である. 凹レンズの場合には

$$\frac{1}{|b|} = \frac{1}{a} + \frac{1}{f} = \frac{1}{15} + \frac{1}{20} = \frac{7}{60} \quad \therefore \quad |b| = 8.6\,\mathrm{cm}$$

で倍率は
$$m = \frac{|b|}{a} = \frac{60}{15 \times 7} = \frac{60}{105} = 0.57$$
となる．また，図からわかるように，正立，虚像で像の大きさは $2 \times 0.57\,\text{cm} = 1.14\,\text{cm}$ と計算される．

第8章

1 波長 λ，周波数 f に対し，(8.2) (p.106) により波の基本式 $c = \lambda f$ が成り立つ．$\lambda = 1\,\text{m}$ の場合，f は次のようになる．
$$f = 3 \times 10^8\,\text{Hz} = 300\,\text{MHz}$$

2 λ は次のように計算される．
$$\lambda = \frac{3 \times 10^8}{77.1 \times 10^6}\,\text{m} = 3.89\,\text{m}$$

3 周波数は
$$f = 1010 \times 10^3\,\text{Hz} = 1.01 \times 10^6\,\text{Hz}$$
であるから，λ は
$$\lambda = \frac{3 \times 10^8}{1.01 \times 10^6}\,\text{m} = 297\,\text{m}$$
となる．

4 電磁波が進行する距離は $7.2 \times 10^4\,\text{km} = 7.2 \times 10^7\,\text{m}$ である．よって，所要時間は
$$\frac{7.2 \times 10^7}{3 \times 10^8}\,\text{s} = 2.4 \times 10^{-1}\,\text{s}$$
と表される．

5 逆回りの2つの円偏光は，例題2 (p.111) の結果を使い，例えば
$$\begin{cases} E_{1x} = E_0 \cos \omega t \\ E_{1y} = E_0 \sin \omega t \end{cases} \quad \begin{cases} E_{2x} = E_0 \cos \omega t \\ E_{2y} = -E_0 \sin \omega t \end{cases}$$
と書ける．これらを合成すると
$$E_x = E_{1x} + E_{2x} = 2E_0 \cos \omega t$$
$$E_y = E_{1y} + E_{2y} = 0$$
が成り立ち，x 方向の直線偏光となる．位相差があると
$$\begin{cases} E_{1x} = E_0 \cos \omega t \\ E_{1y} = E_0 \sin \omega t \end{cases} \quad \begin{cases} E_{2x} = E_0 \cos (\omega t - \alpha) \\ E_{2y} = -E_0 \sin (\omega t - \alpha) \end{cases}$$
と書ける．これらを合成すると
$$E_x = E_{1x} + E_{2x} = 2E_0 \cos \frac{\alpha}{2} \cos \left(\omega t - \frac{\alpha}{2}\right)$$
$$E_y = E_{1y} + E_{2y} = 2E_0 \sin \frac{\alpha}{2} \cos \left(\omega t - \frac{\alpha}{2}\right)$$

となる．このとき
$$\frac{E_y}{E_x} = \tan\frac{\alpha}{2}$$
は時間によらず一定である．これは x 軸との角が $\frac{\alpha}{2}$ の方向で振幅が $2E_0$ であるような直線偏光を記述する．

6 レーザー光は光を集中することによって図に示すように，ガラスでも金属でも，切ったり穴を空けたりすることができる．また，化膿した部分にレーザー光をあて中の膿をだすなど治療に利用される．物を指示するポインターとしても使われる．

7 電磁波が球対称に広がるとすれば，原点を中心として半径 r の球面上の単位面積を単位時中に通過するエネルギー S は
$$S = \frac{P}{4\pi r^2}$$
と表される．S は EH に等しいが，例題 3 (p.115) と同様 $H = c\varepsilon E$ が成立すると仮定する．その結果，電場や磁場の振幅は $1/r$ に比例し，例題 3 で $\sin\theta = 1$ とおいた式が得られる．厳密にはこの $\sin\theta$ の項を考慮しなければならない．しかし，そうすると演習問題 8 を解くとき積分計算が必要となる．数因子を別とし，ここで述べるような計算でも電場の大体の様子はわかる．

8 S は前問の結果で $P = 300\,\text{kW} = 3\times 10^5\,\text{W}$, $r = 10^3\,\text{m}$ を代入し
$$S = \frac{P}{4\pi r^2} = \frac{3\times 10^5}{4\pi\times 10^6}\frac{\text{J}}{\text{m}^2\cdot\text{s}} = 2.39\times 10^{-2}\frac{\text{J}}{\text{m}^2\cdot\text{s}}$$
と書ける．(8.8) の $\langle S\rangle$ を S とすれば
$$S = \frac{c\varepsilon E^2}{2} = 2.39\times 10^{-2}\,\text{J}\cdot\text{m}^{-2}\cdot\text{s}^{-1}$$
となるので E は
$$E = \sqrt{\frac{2S}{c\varepsilon}} = \sqrt{\frac{2\times 2.39\times 10^{-2}}{3\times 10^8\times 8.854\times 10^{-12}}}\,\frac{\text{V}}{\text{m}} = \sqrt{18.0}\,\frac{\text{V}}{\text{m}}$$

と表される．すなわち，E は $E = 4.24\,\text{V}\cdot\text{m}^{-1}$ と計算される．

9 太陽光発電は晴天のときにはよいが，曇天や雨天のときには太陽の光エネルギーを電気エネルギーに変換するのは困難である．太陽電池はパネル状になっているが，その効率は少し前には 10％程度であった．近年，効率が 20％ に達するとの話もある．また，太陽光がパネルと垂直になっているとは限らないが，地表での日光に垂直な $1\,\text{m}^2$ の部分が受ける太陽エネルギーは (8.9) (p.116) により，最大 $1.37\,\text{kW}$ となる．面積が大きいほど発電量は大きくなり，$50\,\text{m}^2$ の場合には $68.5\,\text{kW}$ に達し，ほぼ $70\,\text{kW}$ の発電所と等価である．太陽光発電では廃棄物などは 0 なので，これは環境に優しい発電方式である．

第 9 章

1 $h\nu$ のエネルギーをもつ 1 個の光子が金属中の電子と衝突し，そのエネルギーを全部一度に電子に与えるとする．図 9.5 (p.128) に示すように，電子が金属内部から外部へ出るのに必要なエネルギーを W とすれば，エネルギー保存則により $E + W = h\nu$ で
$$E = h\nu - W$$
の光電方程式が得られる．光電子の質量を m，その速さを v とすれば，E は電子の運動エネルギーと考えられるので
$$\frac{1}{2}mv^2 = h\nu - W$$
が成り立つ．もし $h\nu$ が W より小さいと電子は金属内部から外へ出られず光電効果は起こらない．$W = h\nu_0$ であるから，$\nu < \nu_0$ であれば光電効果は起こらず，こうして光子説から光電効果が理解できる．ちなみに ν_0 を**光電臨界振動数**という．

2 光の振動数 ν は
$$\nu = \frac{3 \times 10^8}{600 \times 10^{-9}}\,\text{Hz} = 5 \times 10^{14}\,\text{Hz}$$
で E は
$$E = 6.63 \times 10^{-34} \times 5 \times 10^{14}\,\text{J} - 1.38 \times 1.60 \times 10^{-19}\,\text{J}$$
$$= 1.11 \times 10^{-19}\,\text{J}$$
となる．これを eV で表すと
$$E = \frac{1.11 \times 10^{-19}}{1.60 \times 10^{-19}}\,\text{eV} = 0.694\,\text{eV}$$
である．また，光電子の速さ v は次のように計算される．
$$v = \left(\frac{2E}{m}\right)^{1/2} = \left(\frac{2 \times 1.11 \times 10^{-19}}{9.11 \times 10^{-31}}\right)^{1/2}\,\text{m}\cdot\text{s}^{-1}$$
$$= 4.94 \times 10^5\,\text{m}\cdot\text{s}^{-1}$$

3 図 9.6 (p.128) で $E + W = h\nu$ が成り立つ．この関係から h は

と表される.

$$h = \frac{E+W}{\nu} = \frac{2.24 + 1.34}{5.4 \times 10^{14}} \times 10^{-19} \text{ J} \cdot \text{s} = 6.6 \times 10^{-34} \text{ J} \cdot \text{s}$$

4 光電臨界振動数 ν_0 を波長に換算したものを**光電限界波長**という．アルミニウムの仕事関数は $3.0\,\text{eV}$ であるから光電臨界振動数 ν_0 は

$$\nu_0 = \frac{W}{h} = \frac{3.0 \times 1.6 \times 10^{-19} \text{ J}}{6.63 \times 10^{-34} \text{ J} \cdot \text{s}} = 7.24 \times 10^{14} \text{ Hz}$$

と計算され，λ_0 は

$$\lambda_0 = \frac{c}{\nu_0} = \frac{3 \times 10^8 \text{ m} \cdot \text{s}^{-1}}{7.24 \times 10^{14} \text{ Hz}} = 4.14 \times 10^{-7} \text{ m} = 414\,\text{nm}$$

となる．$\lambda > \lambda_0$ では光電効果は起こらない．赤い光では $\lambda \simeq 700\,\text{nm}$ であるから，この場合に相当し，よって光電効果が起こらない．逆に青い光では $\lambda \simeq 400\,\text{nm}$ で $\lambda < \lambda_0$ となり光電効果が起こる．

5 古典的な極限 $(h \to 0)$ では (9.11) (p.126) で

$$\frac{h\nu}{e^{\beta h\nu} - 1} \to \frac{h\nu}{\beta h\nu} = \frac{1}{\beta} = k_\text{B} T$$

で，$\langle e_n \rangle \to k_\text{B} T$ となるのでレイリー-ジーンズの放射法則が得られる．

6 (9.14) (p.126) により

$$E(\nu) = \frac{8\pi h V}{c^3} \frac{\nu^3}{e^{\beta h\nu} - 1}$$

となる．$\nu \sim \nu + \Delta\nu$ の範囲が $\lambda \sim \lambda + \Delta\lambda$ に対応すれば

$$E(\nu)\Delta\nu = G(\lambda)\Delta\lambda$$

が成り立つ．$\lambda\nu = c$ の関係より $\nu = c/\lambda$ となり，これから

$$\Delta\nu = -\frac{c\Delta\lambda}{\lambda^2}$$

が得られる．ここで $-$ の符号は ν が増加するとき λ が減少することを意味する．$G(\lambda)$ は $+$ の量とするので，この式の絶対値をとる必要があり

$$G(\lambda) = \frac{E(\nu) c}{\lambda^2}$$

となり，次のようになる．

$$G(\lambda) = \frac{8\pi h V}{c^3 (e^{\beta hc/\lambda} - 1)} \frac{c^3}{\lambda^3} \frac{c}{\lambda^2} = \frac{8\pi hc V}{\lambda^5 (e^{\beta hc/\lambda} - 1)}$$

7 T を一定に保ち $G(\lambda)$ を λ で偏微分すると

$$\frac{\partial G(\lambda)}{\partial \lambda} = \frac{8\pi hc V}{(e^{\beta hc/\lambda} - 1)} \left(-\frac{5}{\lambda^6} + \frac{\beta hc}{\lambda^7} \frac{e^{\beta hc/\lambda}}{(e^{\beta hc/\lambda} - 1)} \right)$$

となる．上式を 0 とおき，$\beta hc/\lambda_\text{m} = x$ とすれば

$$-5 + x \frac{e^x}{e^x - 1} = 0 \qquad \therefore \quad \frac{x}{5} = 1 - e^{-x}$$

が得られる．この式を満たす x の値は $x = 4.965$ と求まっている．したがって
$$\lambda_\mathrm{m} T = 一定$$
というウィーンの変位則が導かれる．

索　引

あ 行

アドミッタンス　84
アンペア　36
アンペールの法則　62
位相の遅れ　74
1次元調和振動子　126
色消しガラス　101
色収差　101
陰極　36
インコヒーレント　112
インダクタンス　70
インピーダンス　74
ウィーンの変位則　125, 128
ウイルス　103
ウェーバ　50, 68
右旋性　111
エネルギー準位　113
MKSA単位系　3
LR回路　74
遠赤外線　106
円偏光　111
オイラーの公式　76
凹レンズ　98
オーム　38
オームの法則　38
温度係数　39

か 行

回折　90
回折像　90
回転　83
ガウスの法則　6
角振動数　67
荷電粒子　36
可変抵抗　38
ガリレイ式望遠鏡　103
カロリー　42
干渉じま　88
干渉性　112
完全黒体　124
幾何光学　86
貴金属　19
基底状態　125
起電力　38
擬ベクトル　59
基本ベクトル　111
逆起電力　66, 68
逆進性　86
逆転分布　112
キャパシター　20
キャリヤー　36
球面波　88
境界条件　16
強磁性体　54
強誘電体　24
極板　20
虚像　98
キルヒホッフの第一法則　46
キルヒホッフの第二法則　46
キルヒホッフの法則　46
空洞放射　124
クーロン　2, 36
クーロンの法則　2
クーロンポテンシャル　22
クーロン力　2
屈折の法則　86
屈折率　86
ケプラー式望遠鏡　102
光学　86
光学器械　102
光学距離　92
光学顕微鏡　103
光学的に疎　92
光学的に密　92
光合成　116
光子　122
光軸　96
格子振動　39
光子説　122
光線　86
光速　2
光電限界波長　147
光電効果　122
光電子　122
光電方程式　122
光電臨界振動数　146
交流　44
交流回路　74
交流電圧　44
交流電源　44
交流電流　44
交流モーター　60
光量子説　122
光路差　92
黒体　124
古典物理学　124
コヒーレント　112
コンダクタンス　84
コンデンサー　20

さ 行

サセプタンス　84
左旋性　111
磁位　51
CGS静電単位系　3
CGS単位系　3
磁化　52
磁荷　50

磁化率　54
磁気エネルギー　78
磁気エネルギー密度　78
磁気感受率　54
磁気双極子　52
磁気分極　52
磁気モーメント　52
磁極　50
自己インダクタンス　70
仕事関数　122
自己誘導　70
磁性体　54
自然放出　113
磁束　68
磁束線　56
磁束密度　54
実像　98
時定数　73
試電荷　4
磁場　50
自発磁化　54
磁場の強さ　50
自由電荷　26
周波数　45
ジュール　42
ジュール熱　42
常磁性体　54
焦点　96, 98
焦点距離　96, 98
常微分　13
初期位相　67
磁力線　50
真空の透磁率　50
真空の誘電率　2
真電荷　26
振動数　45
振幅　44, 67

数密度　37
スカラー積　6
スペクトル　94

正孔　36
正準分布　126
正電荷　36
静電気　2

静電ポテンシャル　12
静電誘導　16
正反射　86
赤外線　106
絶縁体　19
接眼レンズ　102
絶対屈折率　86
旋光性　111
線スペクトル　94
線積分　15
全反射　104
相互インダクタンス　70
相互誘導　70
相反定理　70
素元波　88
素電荷　36
ソレノイド　64

た 行

対物レンズ　102
太陽定数　116
ダイン　3
単位ベクトル　4
単色光　94
単振動　67

蓄電器　20
地上波　108
地表波　108
直接波　108
直線偏光　110
直線偏波　110
直流　36
直流回路　46
直流モーター　60

通信用衛星　109

抵抗　38
抵抗器　38
抵抗分　84
抵抗率　38
定常状態　113
定常電流　46
D 線　94
テスラ　54

電圧　38
電圧実効値　44
電位　12, 38
電位差　12, 14, 38
電荷　36
電界　4, 40
電荷密度　37
電気エネルギー　32
電気エネルギー密度　32
電気感受率　30
電気双極子　24
電気双極子モーメント　24
電気素量　36
電気抵抗　38
電気伝導率　40
電気分極　26
電気容量　20
電気力線　5
電子顕微鏡　103
電磁石　60
電磁場　66, 114
電磁波　82, 106
電子ボルト　15, 122
電磁誘導　66
電束線　30
電束密度　30
点電荷　2
電場　4, 40
電波　82, 106
電場のエネルギー　32
電場の強さ　4
電場ベクトル　4, 40
電離エネルギー　120
電離層　108
電流　36
電流実効値　44
電流の熱作用　42
電流密度　40
電力　42

統計力学　113, 126
透磁率　54
導体　16, 19
同調回路　21
等電位面　12
透明体　140

索　引

凸レンズ　96

な　行

ナトリウムランプ　94
ナノテクノロジー　103
ナブラ　13

西田幾多郎　127
2次波　88
二重線　94
ニュートン　2

熱線　106
熱の仕事当量　42
熱放射　124

は　行

バーナードループ　121
倍率　100
白色光　94
発散　29
波動光学　86
波動説　88
バルマー系列　120
半金属　19
反磁性体　54
反磁場　55
反磁場係数　55
反射の法則　86
半導体　19

ビオ-サバールの法則　58
非干渉性　112
ピコファラド　20
ヒステリシス　54, 55
ヒステリシス曲線　55
比透磁率　54
微分　13
微分方程式　77
比誘電率　30
秒　2

ファラデー効果　111
ファラデーの法則　68
ファラド　20
複素インピーダンス　76
複素数表示　76

負電荷　36
負の温度　113
フラウンホーファーの回折　90
プランク定数　122
プランクの放射法則　126
分極磁荷　52
分極電荷　24
分極ベクトル　26
分光学　94
分光器　94, 120
分散　94

平行板コンデンサー　20
ベクトル積　59
変位電流　80
偏光軸　110
偏光板　110
偏光面　110
偏微分　13
ヘンリー　70

ホイヘンスの原理　88
ポインティングベクトル　114
放射エネルギー　114
ボーアの振動数条件　125
ボルツマン定数　113
ボルツマン分布　113
ボルト　12, 38
ポンピング　112

ま　行

マイクロアンペア　36
マイクロ波　106
マイクロファラド　20
マクスウェル-アンペールの法則　80
マクスウェルの応力　18
マクスウェルの方程式　82
ミリアンペア　36
ミリカン　36
虫眼鏡　100
矛盾的自己同一　127
メートル　2

面密度　8
モーター　61
モーメント　24

や　行

ヤングの実験　88

誘電体　24
誘電分極　24
誘電率　30
誘導起電力　66
誘導電荷　16
誘導放出　113
陽極　36
要素波　88
横波　83

ら　行

ラプラシアン　17
ラプラス方程式　17
乱反射　86

リアクタンス　84
力率　74
立体映画　111
立体角　7
粒子説　88
流線　5
流体　5
流体力学　5
量子仮説　122
履歴現象　55
臨界角　104

レイリー-ジーンズの放射法則　124
レーザー　112
レーザー光　112
レンズの公式　98
連続スペクトル　94
連続の方程式　81
レンズの法則　66
ローレンツ力　58

わ　行

ワット　42

著者略歴

阿 部 龍 蔵
あ　べ　りゅう　ぞう

1953 年　東京大学理学部物理学科卒業
　　　　東京工業大学助手，東京大学物性研究所助教授，
　　　　東京大学教養学部教授，放送大学教授を経て
2013 年　逝去
　　　　東京大学名誉教授　理学博士

主要著書

統計力学 (東京大学出版会)　現象の数学 (共著, アグネ)　電気伝導 (培風館)
現代物理学の基礎 8 物性 II 素励起の物理 (共著, 岩波書店)
力学 [新訂版] (サイエンス社)　量子力学入門 (岩波書店)
物理概論 (共著, 裳華房)　物理学 [新訂版] (共著, サイエンス社)
電磁気学入門 (サイエンス社)　力学・解析力学 (岩波書店)
熱統計力学 (裳華房)　物理を楽しもう (岩波書店)
現代物理入門 (サイエンス社)　ベクトル解析入門 (サイエンス社)
新・演習 物理学 (共著, サイエンス社)　新・演習 力学 (サイエンス社)
新・演習 電磁気学 (サイエンス社)　新・演習 量子力学 (サイエンス社)
熱・統計力学入門 (サイエンス社)　新・演習 熱・統計力学 (サイエンス社)
Essential 物理学 (サイエンス社)　物理のトビラをたたこう (岩波書店)
はじめて学ぶ 物理学 (サイエンス社)　はじめて学ぶ 力学 (サイエンス社) など多数

ライブラリはじめて学ぶ物理学＝3

はじめて学ぶ 電磁気学

2007 年　7 月 10 日©　　　　　　初 版 発 行
2020 年　2 月 25 日　　　　　　　初版第 2 刷発行

著　者　阿部龍蔵　　発行者　森平敏孝
　　　　　　　　　　印刷者　杉井康之
　　　　　　　　　　製本者　松島克幸

発行所　株式会社　サイエンス社
〒 151-0051　東京都渋谷区千駄ヶ谷 1 丁目 3 番 25 号
営業 ☎ (03) 5474-8500 (代)　FAX ☎ (03) 5474-8900
編集 ☎ (03) 5474-8600 (代)　振替 00170-7-2387

印刷　(株) ディグ　　　製本　松島製本
《検印省略》

本書の内容を無断で複写複製することは，著作者および
出版者の権利を侵害することがありますので，その場合
にはあらかじめ小社あて許諾をお求め下さい．

ISBN978-4-7819-1170-0
PRINTED IN JAPAN

サイエンス社のホームページのご案内
http://www.saiensu.co.jp
ご意見・ご要望は
rikei@saiensu.co.jp　まで．